プレミアプロ

Premiere Pro

デジタル映像編集

パーフェクトマニュアル CC対応

阿部信行 著

本書の使い方

　本書は、Premiere Proのビギナーからステップアップを目指すユーザーを対象にしています。

　紙面の解説に従いながら実際の操作を進めることで、Premiere Proの基礎知識やテクニックをマスターできます。

　初心者の方は、CHAPTER 1で動画編集の基本、CHAPTER 2やCHAPTER 3でPremiere Proのインターフェイスや素材の読み込み、各種パネルやタイムライン、ワークスペースなど操作環境に関することを覚えてから、CHAPTER 4以降で解説しているビデオやオーディオの編集／合成、タイトルの作成、各種エフェクトの操作、最終的な書き出しまでをマスターしていきましょう。

　それぞれのCHAPTERは、さらに詳細なSECTIONに分かれています。より具体的な内容や機能を知りたいときには、SECTIONで探してみるとよいでしょう。

　また、巻末には通常の用語によるINDEXに加えて、目的別に記事を検索できる「TIPS索引」を用意しています。こちらも併せてご利用ください。

▶ 対応バージョンについて

　本書は、主にWindows 11環境のPremiere Proによる操作で解説を進めています。

　また、使用しているバージョンは、原稿執筆時点の最新バージョン「2022」になります。

▶ キーボードショートカットについて

　キーボードショートカットの記載については、基本的にWindowsとmacOSの両方について併記していますが、うまく使用できない場合には、環境（Windows／macOS）に合わせて、キー操作を次のように置き換えて読み進めてください。

　ショートカットキーを使用するときは、【半角英数】モードで入力しなければならない場合があります。また、キーボードの設定によって異なる場合もあります。

Windows		macOS
Ctrl キー	↔	command キー
Alt キー	↔	option キー
Shift キー	↔	shift キー
Enter キー	↔	return キー

　本書は、Adobe のビデオ編集ソフト『Adobe Premiere Pro』の基本的な操作方法について解説したガイドブックです。なお、本書では「Premiere Pro」と表記しています。『Adobe Premiere Pro 2022』をベースに執筆していますが、これまでのバージョンでも対応できるように構成しています。

　動画編集の需要は、コロナ禍以降、急激に増えているように感じます。とくに、企業内で動画を制作する「内製化」が浸透したことも、その大きな要因の一つでしょう。
　また、YouTuber など動画を利用したプロモーションや番組作りを楽しむユーザーが急増していることも影響しているでしょう。

　事実、筆者が担当している Premiere Pro の講座にも、「動画の内製化に対応したい」「YouTuber としてデビューしたい」など目的が具体的で、しかも短期間で Premiere Pro をマスターしたいという受講者がほとんどです。

　本書は、まったく初めて Premiere Pro を利用するユーザーでも、動画編集に必要な素材さえあれば、確実にオリジナルな動画作品が作れるように内容を構成して執筆しました。もちろん、前記した動画の内製化や YouTuber を目指すユーザーにも応えられる構成になっています。
　大切なことは、とにかくまず動画を 1 本作ってみることです。Premiere Pro は映像業界のプロユースとしてもスタンダードな編集ソフトです。それだけに、さまざまな編集機能を備えています。これらをすべて使いこなすことは無理ですし、その必要もありません。

　まずは、自分の手元にある素材で自分なりの動画を作成してみてください。作品ができたら、次にこんな作品を作ってみたい、あんな作品を作ってみたいと進んでいきましょう。
　そのとき、自分は何をしたいのか、どうしたいのか、自分の立ち位置が確認できる情報を本書が提供しています。YouTube などでも数多くのチュートリアル動画が提供されていますが、これらがなにを解説しているのか、本書を参考にすれば、その内容も理解できるようになります。

　せっかく本書を手にしていただいたのですから、とにかく動画作品を作ってみましょう！
　といっても、「カッコイイ動画を作りたい」「人目を引くような動画を作りたい」という目的ではなく、その前に、まずは基本を覚えてから「カッコイイ」テクニックを覚えたほうがよいかと思われます。

　本書をきっかけに、少しでも多くの方が Premiere Pro を楽しんでいただければ幸いです。

2022 年 初夏
阿部信行

CONTENTS

CHAPTER 1 動画編集の基本 … 9

CHAPTER 2 Premiere Proの準備 … 17

CHAPTER

1

動画編集の基本

SECTION
1.1

動画はなぜ動くの？

「動画」は「動く画像」ですよね。では、動画はどのように動きを表現しているのでしょうか？　動画の編集を始める前に、その点をしっかりと理解しておきましょう。

■ 動画はアニメーション

　動画はどのように動きを表現しているのかというと、「**アニメーション**」です。子供の頃、教科書の隅に小さな絵を描いてページをめくってアニメーションした「パラパラ漫画」が動画の基本です。では、実写の動画は何をアニメーションしているのかというと、写真なのです。

　たとえば、Photoshopを利用して、6枚のJPEG画像からGIFアニメーションを作成してみます。1枚の画像を0.2秒間隔で表示し、最後は1秒表示するという設定です。動画と呼ぶにはカクカクしているので、紙芝居的ではありますが、これが動画の基本です。

「動画」は、写真を高速に切り替えて表示することで動きを表現している

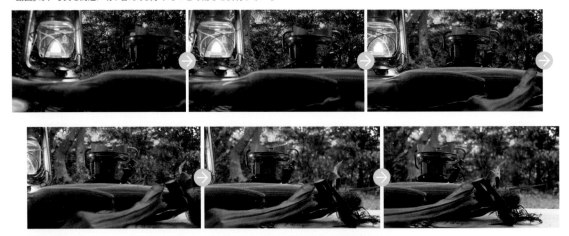

Photoshopで
GIFアニメを作成

POINT

JPEG画像は動画のフレームを写真として書き出しています。書き出しについては、294ページを参照してください。

SECTION 1.2 動画編集で絶対に覚えたい 3つの用語

Premiere Proでは、いろいろなシーンでいろいろな設定が必要になります。その際、ここで解説する3つの用語さえ覚えておけば、設定内の意味を理解し、きちんと設定ができるようになります。

CHAPTER 1

■ 3つの用語

Premiere Proに限らず、動画編集で覚えておきたい3つの用語があります。

- フレーム
- フレームレート
- タイムコード

それぞれの用語について解説しましょう。

■ フレーム

　先に解説したように、動画は「写真」をアニメーションしたものです。そして、動画編集では写真のことを「フレーム」と呼んでいます。写真だけでなく、動画で利用するイラストなどの静止画、テキストなどもすべてフレームとして扱います。

　SECTION 1-1で6枚の写真を利用したGIFアニメーションの作成について解説しましたが、これは「6枚のフレームを利用して作成した動画」と言い換えることができます。同じように、Premiere Proでも複数のフレームを並べて編集を行います。

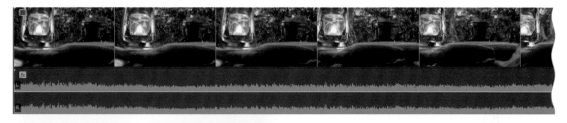

1枚の写真、静止画像のことを「フレーム」と呼ぶ

11

■ フレームレート

フレームレートとは「フレーム」の「レート」のことで、**1秒間に何枚をフレームを表示するか**を示す単位です。一般的に、フルハイビジョン映像やテレビなどは、**1秒間に約30枚のフレーム**を高速に切り替えて表示しています。

そして、このときの30枚のフレームを「30fps」と表記しますが、fpsは「frames per second」（1秒間のフレーム数）の略です。

> **1秒間に約30枚のフレームを表示する＝30fps（frames per second）**

普通の動画は、ほとんどが29.97fpsというフレームレートを利用していますが、これでなめらかな動きを表現できます。最近では4Kなどの高画質映像でフレームレート60fpsというのが標準的になりつつあります。

> **TIPS 29.97fpsのフレームレート**
>
> 本文で「約30フレームレート」とあるのは、理由があります。テレビがモノクロ放送の頃はフレームレートは30fpsでした。しかし、カラー放送が始まるとその分伝送しなければならない情報量が増え、従来の30fpsのままでは映像にズレが生じるようになってしまいました。そこでそのズレを解消できる29.97fpsというフレームレートが用いられ、以後、これが標準的なフレームレートとして利用されています。

■ タイムコード

動画は複数のフレームを高速に切り替えて表示しています。このフレームの中から**特定のフレームを指定する**ときに利用するのが「タイムコード」です。また、動画の長さ（デュレーション）を表現するときにも、タイムコードが利用されます。

たとえば、Premiere Proでは各所にタイムコードが表示されていますが、代表的なのが次のようなシーンです。この画面では、再生ヘッドの下から青い「**編集ライン**」が伸びています。そして、この編集ラインは「**トラック**」と呼ばれる場所に配置した動画素材の1枚のフレーム上にあります。

このときのフレームのタイムコード　　編集ライン位置のフレーム

トラック　　　　　再生ヘッド　　　編集ライン
トラックの1枚のフレーム上にある

▶ タイムコードの読み方

タイムコードは、先頭のフレームから数えて何枚目なのかを示しています。たとえば、「トラック」と呼ばれる場所に配置した動画素材の上に「再生ヘッド」と呼ばれるものがあり、その再生ヘッド位置のタイムコードが「プログラムモニター」と呼ばれる画面の左下に青い数字で表示されています。

プログラムモニター

再生ヘッドの位置

00:01:03:24

時　分　秒　フレーム数

再生ヘッド位置のフレームの
タイムコード

プロジェクト全体の長さ（デュレーション）
のタイムコード

この場合、先頭のフレームから数えて1分3秒24フレーム目のフレームであると読みます。また、プログラムモニターの右下には、プロジェクト全体の長さ（デュレーション）がどれくらいあるのかを、タイムコードで示しています。画面の場合、デュレーションは「00：02：53：13」と表示されているので、2分53秒13フレームのデュレーションと読みます。

▶ 29フレーム目の次に注意

フレームレートが30fpsの場合には1秒間に30フレームなので、たとえば「00：01：03：29」の次のフレームは、1秒繰り上がります。ここがタイムコードの読み方の難しいところです。

$$00 : 01 : 03 : 29$$
$$\downarrow$$
$$00 : 01 : 04 : 00$$

▶ ノンドロップフレームとドロップフレーム

1秒の繰り上げよりも面倒なのが、「**ノンドロップフレーム**」と「**ドロップフレーム**」です。実際に撮影した動画が29.97fpsであっても、Premiere Proでのタイムコードのカウントは30fpsで行われています。この場合、**0.03の誤差**があります。この誤差が積もり重なると、**1分間で2フレームの誤差**になります。

そこで、1分ごとにフレームのカウント番号を2フレーム間引くことで、見かけ上のつじつまを合わせる方法が「ドロップフレーム」です。逆に、つじつまを合わせない、つまりフレーム番号を間引かない方法が「ノンドロップフレーム」です。言ってしまえば、29.97という半端な数字ではカウントできないがゆえの苦肉の策です。

間引くといっても実際にフレームをカットするのではなくフレームの番号を変更するだけなので、動画のフレーム数は変わりません。なお、表示は次のようになります。

00：01：03：24　➡　ノンドロップフレームは「：」（コロン）を利用する
00；01；03；24　➡　ドロップフレームは「；」（セミコロン）を利用する

たとえば、次ページ図のようにフレームの番号が間引かれます。

ノンドロップフレームの場合

00:59:29   00:01:00:00   00:01:00:01

00;59;29   00;01;00;02   00;01;00;03

（00;01;00;00 と 00;01;00;01 が間引かれている）

ドロップフレームの場合

　要するに、実際のフレームの数は変わらないけれど、フレームに割り当てるフレーム番号を変えるというだけの話です。したがって、どちらの設定を利用しても問題ありません。あえていえば、テレビ局ではノンドロップフレームを利用するケースが多いです。実際のフレーム番号は、ノンドロップフレームの方が正確です。

　たとえば、先の説明で利用した動画素材の最後のフレーム「00：01：03：24」ですが、割り当てられるフレーム番号は、次のようになります。

00：01：03：24 ⇒ ノンドロップフレームの場合

00；01；03；26 ⇒ ドロップフレームの場合

　ただし、「0分、10分、20分、30分、40分、50分」と分の桁が繰り上がるときには、間引かれません。わかりにくい表示方法ですね。

POINT

筆者の場合、正確なフレーム数がわかるノンドロップフレームを利用しています。本書でも、ノンドロップでの表示を利用しています。

TIPS 「ノンドロップフレーム」と「ドロップフレーム」の変更

ノンドロップフレームとドロップフレームの切り替えは、シーケンスを選択してから、メニューバーの「シーケンス」→「シーケンス設定」を選択してください。

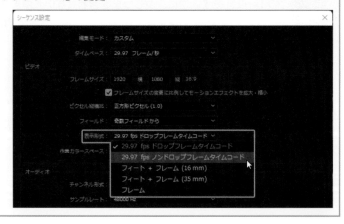

SECTION

1.3

動画の解像度とアスペクト比

「動画」というアニメーションを構成するフレームには、サイズが何種類かあります。ここでは、フレームのサイズと、そのサイズに対しての「アスペクト比」について解説します。

■ フレームのサイズと画面解像度

　「動画」はフレームと呼ばれる写真で構成するアニメーションだと解説しましたが、その**フレームには決まったサイズ**があります。動画編集の世界では、フレームのサイズを「画面解像度」という用語で表しています。解像度は画像の詳細密度を表す用語ですが、ここでは「縦横のサイズ」と「**総画素数**」の意味で使われています。

　現在スタンダードなフルハイビジョン動画の場合、フレームの画像解像度は下記になります。数年前まで「標準映像」と呼ばれていた画面解像度と比較してみましょう。

フレームのタイプ	画面解像度
フルハイビジョン映像	1920×1080
標準映像	640×480

　フルハイビジョンのフレームの画面解像度は、横に**1980（ピクセル）**、縦に**1080（ピクセル）**の画素が並んだ画面解像度で構成されていることを示しています。標準映像と比較すると、フルハイビジョンのフレームサイズがかなり大きいことがわかります。これが現在のテレビなどの標準フレームサイズなのです。

フルハイビジョンのフレームサイズ

標準映像のフレームサイズ

POINT

「標準映像」は、現在のような地上デジタルテレビ放送に変わる前のテレビ放送で利用されていた頃の映像です。

15

▶ **4K、8Kについて**

動画の世界では、**4K**、**8K**といった画面解像度が注目されています。なかでも、4Kは非常に増えてきました。

これら4K、8Kはフレームのサイズで、図のように4Kとフルハイビジョンを比較すると、4Kはフルハイビジョンの4倍の大きさがあります。8Kはこの4Kのさらに4倍の大きさがあるわけで、フルハイビジョンの16倍です。また、8Kは「**スーパーハイビジョン**」(8K UHD：ウルトラHD)とも呼ばれています。

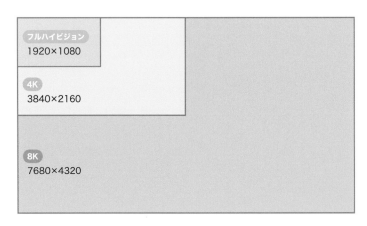

4Kの「**K**」は「**1000**」を表していて、4Kのフレームサイズは横が約4000なので4K、8Kは約8000なので8Kと呼ばれています。ちなみに、フルハイビジョンは横のフレームサイズが約2000なので**2K**とも呼ばれます。

なお、4Kには「3840×2160」の他に「4096×2160」というタイプがあります。主にテレビ向けに利用される4Kは、ITU(国際電気通信連合)によって策定された「4K UHD」と呼ばれる規格で、解像度は「3840×2160」です。これに対して、アメリカの大手映画会社で構成されるDCI(Digital Cinema Initiatives)という団体が、デジタルシネマ向けの規格として利用しているのが「DCI 4K」という規格で、解像度は「4096×2160」になります。

■ アスペクト比

「**アスペクト比**」とは、**フレームの縦横比**のことです。現在主流のハイビジョン系の映像は、「16：9」というアスペクト比が利用されています。また、標準映像は「4：3」というアスペクト比でした。このアスペクト比の違いは、臨場感に表れます。「4：3」のアスペクト比よりも「16：9」のアスペクト比のほうが左右の幅が広い分、臨場感がグッとアップします。

16：9のアスペクト比

4：3のアスペクト比

Premiere Proの準備

SECTION

2.1 Premiere Proのワークフロー

Premiere Proは、大きく分けて3つのステップで動画編集作業を進めます。その3つが、「読み込み」「編集」「書き出し」です。この手順で作業を進めれば、オリジナル動画を作成できます。

■ 3つのステップ

Premiere Proでの動画作成は「**読み込み**」「**編集**」「**書き出し**」という大きく3つの作業ステップに分けられます。作業の大部分はこのうちの「編集」に当たるため、本書では「編集」をさらにいくつかの細かいステップに分け、現在どの作業を解説しているのかをわかりやすくしました。

① 「読み込み」

パソコンに取り込んである動画から、どの動画を素材として利用するかを選択します。選択した素材が「編集」画面に取り込まれます。

② 「編集」

「編集」の作業工程について、本書では【配置・並べ替え】➡【トリミング】➡【マルチカメラ】➡【トランジション】➡【エフェクト】➡【色補正】➡【テロップ】➡【オーディオ】という流れで解説します。
なお、現在どの作業を解説しているのかは、各項目の見出しに表示してあります。

配置・並べ替え　トリミング　マルチカメラ　トランジション　エフェクト　色補正　テロップ　オーディオ

●配置・並べ替え
動画素材を「シーケンス」の「**トラック**」と呼ばれる場所に**配置**します。これが編集作業の第一歩になります。
なお、トラックに配置した素材を「**クリップ**」と呼びます。

トラックに配置したクリップをストーリー（素材を再生する順番）を考えながら再生したい順番に並べ替えます。

● トリミング

トラックに配置したクリップには、不要な映像部分があります。これらをカットしたり、再生時間の長いクリップの時間調整を行います。この作業を「**トリミング**」といいます。

● マルチカメラ

本来は複数のカメラで撮影した動画素材を利用して編集する機能ですが、ここでは、1台のカメラで撮影した複数の動画素材を利用して1本のムービーを作成する方法について解説します。

● トランジション

クリップとクリップが切り替わる際、唐突に切り替わるのを防ぐために「**トランジション**」という効果を設定します。

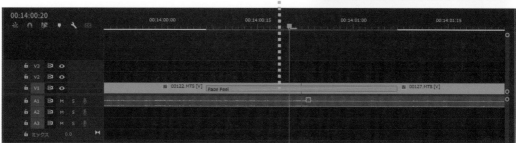

● エフェクト

映像全体に**特殊な効果**を設定し、映像を演出します。

● 色補正

色補正には、カラーコレクションとカラーグレーディングという2タイプの色補正作業があります。ここでは、それぞれのカラー補正について解説します。また、「Log」と呼ばれる動画データの色補正についても解説します。

● テロップ

「**テロップ**」とは、いわゆるタイトルなどのことです。メインタイトルやエンドロール、字幕などがあります。

● オーディオ

映像作品の両輪である「映像」と「音楽」の音楽の部分を編集します。

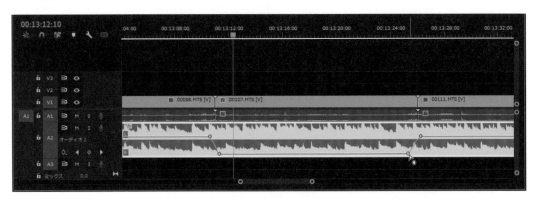

③「書き出し」

編集を終えたプロジェクトを**動画ファイルとして出力**します。

素材を準備する

Premiere Proで動画編集に利用する素材データは、ビデオカメラからハードディスク上にコピーしておきます。また、動画データだけでなく、写真やイラスト、BGM用のオーディオデータなども用意しておきましょう。

■「STREAM」フォルダーをコピーする

Premiere Proで利用する動画素材は、ビデオカメラからパソコンのハードディスク上にコピーしておきます。なお、メモリーが内蔵タイプのカメラの場合、フルハイビジョン（以下「FHD」と省略：Full High Definition の頭文字）や4K、Logなどファイルのタイプによって保存されているフォルダーが異なり、またカメラメーカーによっても異なるので、カメラのマニュアル等で確認しておきましょう。

一般的にFHDの場合、「AVCHD」→「BDMV」の「STREAM」フォルダーに動画ファイルが保存されているので、このSTREAMフォルダーをコピーします。

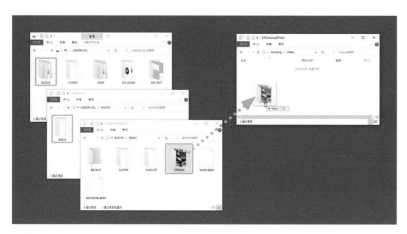

> **TIPS** AVCHDでもOK！
>
> ビデオカメラから動画データをコピーする場合、「AVCHD」フォルダーをドラッグ＆ドロップしてもかまいません。
> Premiere Proで表示する際に、「BDMV」→「STREAM」と階層を移動して利用できます。読み込むと、「BMD」フォルダーは削除されます。

TIPS ファイルのコピー先について

動画ファイルをパソコンにコピーする場合、可能であれば、外付けのHDD（Hard Disc Drive：ハード・ディスク・ドライブ）など外部ストレージへの保存をおすすめします。その理由は、WindowsやmacOSなどOSが組み込まれているCドライブに動画データを保存した場合、OSが何らかの原因で破損すると、OSやPremiere Proが起動しないだけでなく、動画データも失ってしまう可能性が高いからです。

このページでは、ドライブEという外付けの**SSD**（Solid State Drive：ソリッド・ステート・ドライブ）にコピーしています。

動画素材の保存先ドライブ

今回利用したSSD

SECTION 2.3 「ホーム」画面で「新規プロジェクト」を選択する

Premiere Proを起動すると、最初に「ホーム」と呼ばれる画面が表示されます。ここでは、「新規プロジェクト」を選択するか、あるいは既存のプロジェクトファイルを選択して作業を開始します。

■ 初めてPremiere Pro CCを起動したとき

Premiere Proを起動して最初に表示されるのが、「**ホーム**」と呼ばれる画面です。この画面では、主に新規プロジェクトを作成するか、既存のプロジェクトファイルを選ぶという、プロジェクトの選択作業が基本になります。

なお、初めてPremiere Proを起動した場合は、画面の下半分に「編集、効果の追加、書き出し」というメッセージと「プロジェクトを新規作成」というボタンが表示されています。

初めて起動したホーム画面

▶「新規プロジェクト」をクリックする

これから新しく動画を作成する場合は、「**新規プロジェクト**」をクリックします。プロジェクトを保存した場合には、一覧に表示されるプロジェクトファイル名をクリックしても開くことができます。

最初にPremiere Proを起動した場合は、画面中央の下にある「プロジェクトを新規作成」をクリックしても同じです。

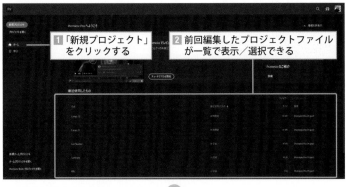

1 「新規プロジェクト」をクリックする
2 前回編集したプロジェクトファイルが一覧で表示／選択できる

3 「読み込み」画面が表示される

TIPS 一覧に表示されない

既存のプロジェクトファイル名が一覧に表示されない場合は、「プロジェクトを開く」をクリックし、保存されているプロジェクトファイルを選択します。

「読み込み」画面とプロジェクト名の設定

「読み込み」画面が表示されたら、まず最初にプロジェクト名と設定したプロジェクトを保存するフォルダーを指定します。

■「読み込み」画面の名称と機能

「**読み込み**」画面は、新規プロジェクトの作成、メディア（編集素材）の選択、シーケンスの新規作成のオン／オフなどを設定する画面で、Premiere Proで最初に作業を行う画面になります。

❶プロジェクトの設定

プロジェクトの名前、プロジェクトファイルの保存場所などを設定するエリアです。

❷メディアの保存場所

編集素材が保存されているフォルダー名、素材ファイルが保存されているドライブなどを選択します。「**ローカル**」で素材ファイルが保存されているフォルダー、「**デバイス**」で保存されているドライブを選択します。

❸ルートの表示

表示されているメディが保存されている場所（ルート）を表示します。

❹サムネールの表示方法（27ページ参照）

表示されているメディアのサムネールの表示方法を設定します。

❺メディアを選択

メディアの保存場所で選択したフォルダー内にあるメディアがサムネールで表示されます。ここで、利用するメディアを選択します。

❻シーケンスを作成

メディアの読み込み方法のオプション選択や、シーケンス作成のオン／オフを設定します。

❼選択トレイ

選択したメディアが、ここに登録されます。なお、ここに登録された順番で、「編集」のシーケンスにメディアが配置されます。

23

■ プロジェクト名と保存場所

「ホーム」画面で「新規プロジェクト」をクリックして「読み込み」画面が表示されたら、最初に上段にある「プロジェクト名」と「プロジェクトの保存先」を設定します。

1 プロジェクト名を入力

「**プロジェクト名**」のテキストボックスに「名称未設定」とあるので、これを削除してプロジェクト名を入力します。

プロジェクト名を入力する

2 保存先の選択

プロジェクトファイルを保存するフォルダーを選択します。

プロジェクトファイルの保存場所はデフォルトでは下記に設定されています。この場合、作成するすべてのプロジェクトが同じフォルダーに保存されてしまうため、管理が大変になります。
そのため、プロジェクトリアルは個別のフォルダーに保存したほうが便利です。

Windows

C:¥Users¥<ユーザー名>**¥Documents¥Adobe¥Premiere Pro¥22.0**

macOS

/ユーザ/<ユーザー名>**/書類/Adobe/Premiere Pro/22.0**

なお、ここでは動画素材を同じフォルダーを指定しています。この場合、素材と一緒にプロジェクトファイルも管理できて便利ですが、素材フォルダーが破損するとプロジェクトファイルも使えなくなるという危険性があります。

TIPS「プロジェクトの設定」を確認する

メニューバーの「ファイル」→「プロジェクト設定」→「一般」を選択して表示される「プロジェクト設定」ダイアログボックスでは、「一般」「スクラッチディスク」「インジェスト設定」の3つのタブでプロジェクトの設定を確認／変更できます。

SECTION

2.5 「読み込み」画面でプレビューする

Premiere Proでは、起動時にどの動画データを利用するのかを選択し、それから「編集」画面が表示されます。このとき、どの動画素材を利用するか内容をザックリと確認しますが、この作業を「プレビュー」といいます。

■ 動画素材を選択する

　Premiere Proが起動すると、最初に「**読み込み**」画面が表示されます。ここでは、これから編集で利用する動画素材を選択します。なお、Premiere Proでは、素材のことを「メディア」と呼んでいます。この「読み込み」画面では、これから編集で利用する動画素材を選択します。なお、ここで選択できなくても、あとから読み込むことができます。

1 目的のフォルダーに切り替える

　「読み込み」画面が表示されると、デフォルト（初期設定）で設定されているサンプルメディアが表示されます。ここで、自分の利用したい動画素材が保存されているドライブやフォルダーを選択します。
　ここでは、「Eドライブ」→「Camping」→「Video」フォルダーを選択しています。目的のフォルダーを開くと、動画素材のサムネールが表示されます。

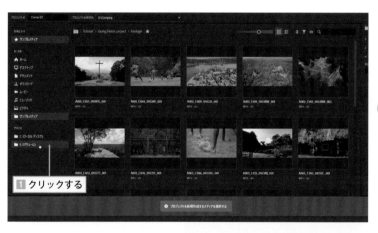

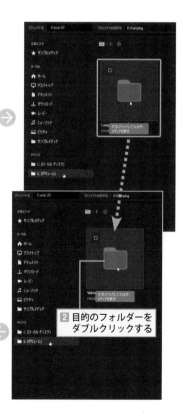

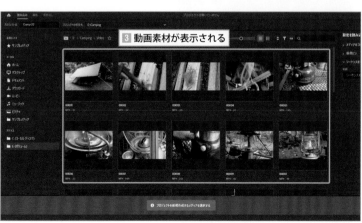

2 素材をプレビューする

サムネールにマウスを合わせて左右にドラッグすると、動画ファイルの内容をプレビューできます。この場合、動画ファイルの再生時間に関係なく、**左端が開始**、**右端が終了**になります。

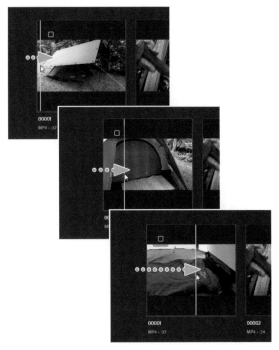

POINT

サムネールには、次のような情報が表示されています。

フレーム映像
デュレーション
（再生時間）
ファイル名
ファイルの拡張子
（動画のタイプを表す）

00001
MP4 · :37

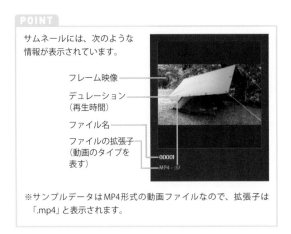

※サンプルデータはMP4形式の動画ファイルなので、拡張子は「.mp4」と表示されます。

3 素材を選択する

編集に利用したい素材は、左上の**チェックボックス（Select）**をクリックしてオンにします。選択した素材は、画面下のエリアに登録されます。

1 利用したい動画素材のチェックをオンにする

2 チェックした素材が登録される

3 複数の素材を選択する

登録された素材

TIPS サムネールの表示方法を変更

「読み込み」画面のサムネールは、サイズや表示方法を変更できます。デフォルトでは、「グリッド表示」で表示されています。

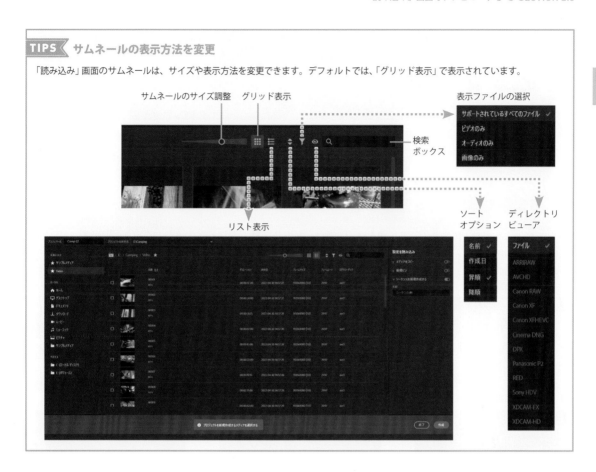

TIPS 「お気に入り」に登録

常時参照するフォルダーは、ファイルの保存場所を示すルート（道順）の右端にある☆をクリックすると、そのフォルダーが「お気に入り」に登録されます。登録すると、ワンクリックでフォルダーを表示できます。
表示が青く変わった★をもう一度クリックすると、登録を解除できます。
なお、★の前に表示されているフォルダー名をクリックすると、その階層が表示されます。

TIPS 「メディアをコピー」について

「シーケンスを作成」にある「メディアをコピー」は、カメラのUSBメモリカードなど一時的な場所からメディアファイルをコピーするときに利用します。
このとき、正確にコピーされたかをチェックする「MD5検証」を利用するかどうかも選択できます。

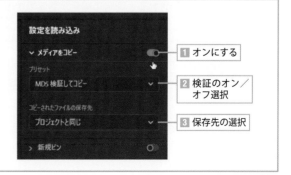

SECTION 2.6 「シーケンスを作成」の設定

「シーケンスを作成」は「読み込み」画面で必ず設定しなければならないということはありません。「編集」画面に切り替わってからでも設定できます。これまでは、この方法で設定していました。

■「設定を読み込み」を設定する

「シーケンスを作成」にある「**設定を読み込み**」では、選択した動画素材をどのように「編集」画面に取り込むかを設定できます。デフォルトのままでもかまいませんが、あとから設定変更作業が面倒になるので、最初に設定しておくことをおすすめします。

1 「新規ビン」の設定

Premiere Proでは、ファイルを保存するフォルダーのことを「**ビン**」と呼んでいます。「**新規ビン**」では、選択した動画素材を保存するためのビンが設定できます。オーディオなどの素材と分けて管理するには、ビンを利用してください。

1 デフォルトの設定状態	3 クリックする	2 オンにする	3 ビンの名前を入力する

TIPS 「ビン」の由来

フィルムで撮影・編集を行っていたアナログ時代。ハサミでカットしたフィルムは、バケツにポイポイ放り込まれていたそうです。そのバケツを「ビン」と呼んでいたとか。確証のあるお話しではありませんが、なるほどと頷けます。そしてデジタル時代の現在、動画フィルの入れ物を「ビン」と呼んでいます。

---

2 「シーケンスを新規作成する」の設定

「編集」画面が表示されると同時に編集が開始できるように、シーケンスを作成するかどうかを設定します。編集に慣れてくると、ここはオフにしたいところですが、慣れるまではオンで利用してもよいでしょう。ここで入力するシーケンス名は、どのような動画なのかわかるような名前がよいでしょう。なお、シーケンスについては、54ページで解説します。

シーケンス名を入力する

■「編集」画面に読み込む

「読み込み」画面での動画素材選択が終了したら、画面右下にある「**読み込み**」をクリックします。動画素材を読み込んだ「編集」画面に表示が切り替わります。

画面の左上にある現在のモードは、「編集」がアクティブになっています。

1 クリックする

2 「編集」画面に切り替わる

シーケンスが作成され、素材が配置されている

3 「編集」がアクティブになっている

POINT

シーケンスに配置された素材を「クリップ」と呼んでいます。本書でもクリップと表記していますが、素材のタイプによって使い分ける場合があります。

動画：**クリップ、ビデオクリップ**
オーディオ：**オーディオクリップ**
写真など：**画像クリップ、イメージクリップ**

■ シーケンス作成をオフにして起動

　デフォルト（初期設定）の手順では、上記画面のように選択した素材がシーケンスに配置された状態で「編集」画面が表示されます。この場合、素材は選択画面で選択した順番で配置されます。

　しかし、シーケンスへの素材の配置は、あとから自分で配置したいというケースもあります。従来は、これが標準でした。また、シーケンスにクリップとして配置する際に、素材をトリミングしながら配置することも可能です。そのためには、「読み込み」画面で「シーケンスを新規に作成する」をオフにして起動してください。

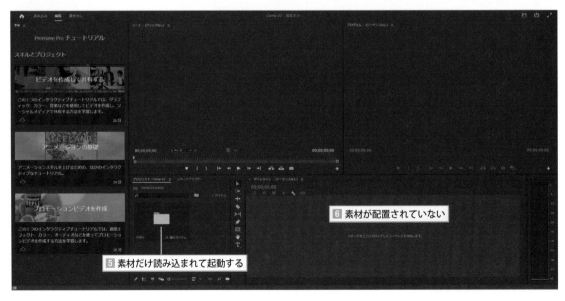

■ ストーリーをいつ作るかがポイント

　自動的にシーケンスを作成して素材データを配置するか、手動でシーケンスを作成して配置するかは自由ですが、読み込んだ後の作業が異なります。判断としては、**動画の「ストーリー（素材（クリップ）の再生順）」**を「**いつ作るのか**」がポイントになります。

❶シーケンスを自動作成する：クリップの入れ替え作業だけでストーリーを仕上げる
❷シーケンスを自動作成しない：クリップを配置しながら、ストーリーを仕上げる

　❶の場合は、読み込み画面で素材を選択する際、選んだ順番どおり自動作成されたシーケンスに配置されるので、後からストーリーを考える必要はありません。
　それに対して❷の場合は、とりあえず素材を取り込んで、取り込んだ素材を手動で作成したシーケンスに配置する際、ストーリーに合わせて配置する順番を考えます。従来の動画編集はこちらの方法です。

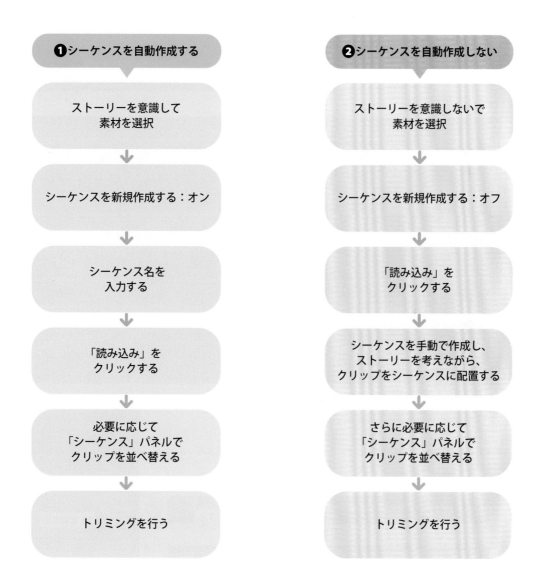

❶シーケンスを自動作成する

ストーリーを意識して
素材を選択

↓

シーケンスを新規作成する：オン

↓

シーケンス名を
入力する

↓

「読み込み」を
クリックする

↓

必要に応じて
「シーケンス」パネルで
クリップを並べ替える

↓

トリミングを行う

❷シーケンスを自動作成しない

ストーリーを意識しないで
素材を選択

↓

シーケンスを新規作成する：オフ

↓

「読み込み」を
クリックする

↓

シーケンスを手動で作成し、
ストーリーを考えながら、
クリップをシーケンスに配置する

↓

さらに必要に応じて
「シーケンス」パネルで
クリップを並べ替える

↓

トリミングを行う

SECTION 2.7 ワークスペースを切り替える

Premiere Proの画面全体を「ワークスペース」といいます。ワークスペースは作業目的に応じてデザインを変更できます。ここではワークスペースの切り替え方法について解説します。

■「編集」に切り替える

Premiere Proの「**ワークスペース**」は複数のパネルで構成され、編集作業の内容に応じて利用しやすいようにデザインできます。Premiere Proにはプリセットでいくつかのデザインが登録されており、これを切り替えて利用します。最初にPremiere Proを起動すると「学習」というワークスペースで表示されますが、動画編集を行う場合は、「編集」というワークスペースを利用します。

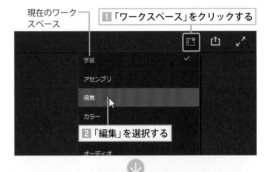

1 「ワークスペース」をクリックする
現在のワークスペース
2 「編集」を選択する

3 「編集」に切り替わる

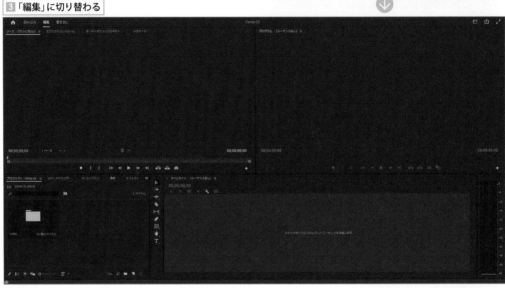

TIPS　ワークスペースタブを表示

「ワークスペース」をクリックして表示されたプルダウンメニューから「ワークスペースタブを表示」を選択すると、ワークスペース名をヘッダーバーに表示して選択できるようになります。このとき、左端の「｜」を左右にドラッグすると、表示サイズを変更できます。
また、「ワークスペースラベルを表示」を選択すると、現在のワークスペース名を表示できます。

1 選択する
2 ドラッグする

SECTION 2.8 パネルのサイズ変更や移動とリセット

ワークスペースを構成するパネルは、サイズや表示位置を自由に変更できます。変更して元のレイアウトに戻せなくなった場合は、リセットでデフォルトのレイアウトに戻せます。

■ サイズ変更

パネルとパネルの境界線にマウスを合わせてドラッグすると、**パネルのサイズを変更**できます。

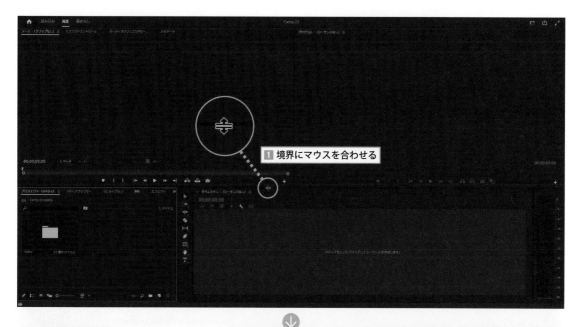

1 境界にマウスを合わせる

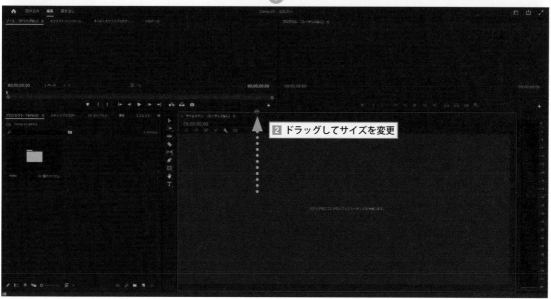

2 ドラッグしてサイズを変更

33

■ パネルを移動する

パネルの名前（タブ）をドラッグすると移動先の色が変わり、ドロップするとその位置に移動します。

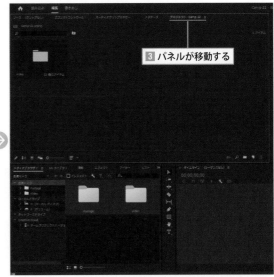

■ ワークスペースをリセットする

　パネルをサイズ変更したり移動してもどのレイアウト状態に戻したくなった場合、リセットで簡単に戻すことができます。

　リセットする場合は、どのモードでリセットするのかに注意してください。ここでは、「編集」モードでリセットする方法について解説します。

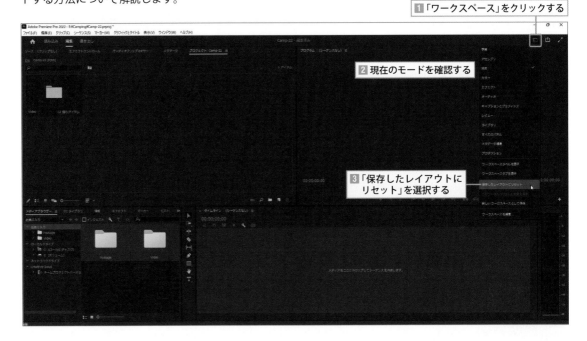

SECTION

2.9 ワークスペースの登録と削除

ワークスペースを利用しやすいレイアウトに設定できたら、オリジナルのレイアウトとして保存しましょう。

■ ワークスペースの登録

　パネル移動やサイズ変更で自分なりのレイアウトができたら、オリジナルのワークスペースとして Premiere Pro に登録できます。

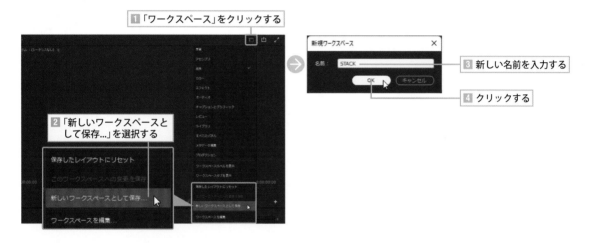

■ ワークスペースの削除

Premiere Pro に登録したオリジナルなワークスペースのレイアウトは、削除することができます。

SECTION 2.10 環境設定で自動保存を設定変更する

Premiere Proを最初に起動して「編集」画面が表示されたら、一度だけ「環境設定」ダイアログボックスで自動保存の間隔を設定しておきましょう。

■ 間隔は5分がおすすめ

「**自動保存**」とは、プロジェクトの保存を自動的に行ってくれる機能です。自動保存を有効にしておくと、たとえば急にパソコンがハングアップしても、直近に自動保存されたプロジェクトを利用して、そこから再編集ができるようになります。「プロジェクトを自動保存」はデフォルトで有効になっていますが、Premiere Proの操作に慣れるまで「自動保存の間隔」は「5分」ぐらいがおすすめです。また、「プロジェクトバージョンの最大数」は「5」程度でよいでしょう。

※Macの場合は「Premiere Pro」メニューにあります。

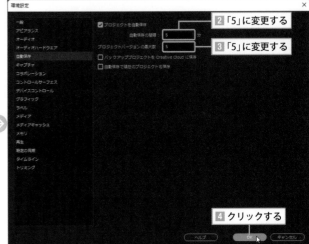

POINT

自動保存されるプロジェクトファイルは、「プロジェクト」パネルを保存指定したフォルダー内の「Adobe Premiere Pro Auto-Save」というフォルダー内に保存されます。

「プロジェクトバージョン」とは、自動保存によって保存されるプロジェクトの最大数です。たとえば、ここでの設定は5分ごとにタイムスタンプ付きのファイル名でプロジェクトが保存されますが、その数が最大5個になります。6個目は最初に保存されたプロジェクトファイルに上書きされ、常に5個のプロジェクトファイルが保存されていることになります。

なお、編集作業を行っていない間は自動保存されませんが、作業を開始すると保存されます。

プロジェクトバージョンのファイル名はタイムスタンプが適用されている

SECTION 2.11 「ビン」を操作する

「ビン」は素材ファイルを保存・管理するためのフォルダーのことを指しています。Premiere Proでは、フォルダーのことを「ビン」と呼んでいます。

■ ビンの新規作成

Premiere Proでは、素材などのファイルを管理するフォルダーを「ビン」と呼んでいます。**新しくビンを設定する**場合は、「プロジェクト」パネル右下にある「新規ビン」をクリックして作成します。作成したらわかりやすい名前に変更しましょう。

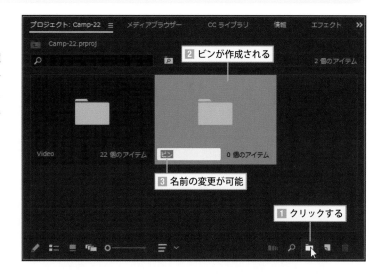

■ ビンの削除

ビンを削除する場合は、削除したいビンを選択して「消去」をクリックするか、キーボードの Backspace キーか delete キーを押して削除します。

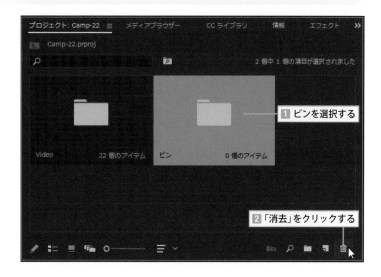

POINT

ビンの削除には注意が必要です。ビンの中に素材ファイルが保存されていても、何のメッセージ表示もなくビンが削除されてしまいます。削除してしまった場合は、 Ctrl （Mac： command ）＋ Z キーで削除操作を取り消してください。

SECTION 2.12 「編集」画面から 素材データを読み込む

Premiere Proの起動時に「読み込み」画面で素材ファイルを読み込まなかった場合、「編集」画面からでも素材を読み込むことができます。

■「読み込み」画面に切り替えて素材を読み込む

「素材を読み込みながら「編集」画面を表示したが、あとから素材データを追加したい」あるいは「素材データを読み込まないで「編集」画面を表示した」という場合は、再度「読み込み」画面に切り替えて素材の読み込みができます。なお、ビデオやオーディオ、画像など、素材のタイプに関係なく操作方法は同じです。

1 「読み込み」をクリックする

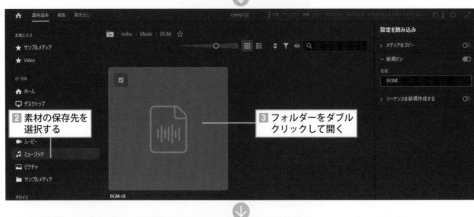

2 素材の保存先を選択する

3 フォルダーをダブルクリックして開く

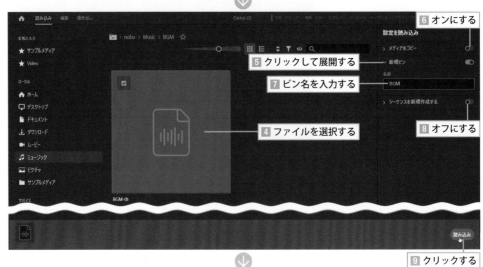

6 オンにする

5 クリックして展開する

7 ビン名を入力する

4 ファイルを選択する

8 オフにする

9 クリックする

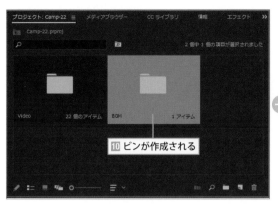

■ レガシーな方法でオーディオ素材を読み込む

これまでのPremiere Proで利用されていた読み込み方法でも、同じように素材データを読み込みができます。ここでは、BGM用のオーディオデータを**ファイル単位**で読み込んでみます。

POINT

必要に応じて、ビンを作成して保存してください。

POINT

「プロジェクト」パネルの何もないところを右クリックして、表示されたコンテクストメニュー（ショートカットメニュー）から「読み込み...」、あるいはメニューバーから「ファイル」→「読み込み...」を選択しても同じです。

SECTION 2.13 4K、8K動画編集用 プロキシワークフロー

4K、8Kなど高解像度な動画素材を編集する場合、パソコンには高いスペックが要求されます。しかし、「プロキシファイル」を利用すると、非力なノートパソコンでも高解像度な動画素材でも編集できるようになります。

■ プロキシでのワークフロー

　4K、8Kといった高解像度な動画素材をネイティブ形式（取り込んだままの状態）で編集するには、編集するパソコンに高機能が要求されます。そこで、ノートパソコンなど非力な編集デバイスでも高解像度な素材を編集できるようにするための機能が「**プロキシ**」です。

　プロキシでは、高解像度な動画素材から「**プロキシファイル**」と呼ばれる低解像度な映像ファイルを作成し、これを利用して編集を行います。たとえば、3840×2130の4Kファイルから1920×1080といったフルハイビジョンサイズのプロキシファイルを生成します。このプロキシファイルで編集を行い、出力する際には4Kの高解像度な動画素材を利用して出力するという仕組みです。したがって、映像は高解像度な4K画質で出力されます。

　プロキシを利用した場合の編集作業のワークフローは、下図のようになります。

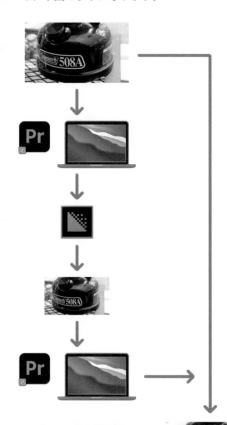

❶データを準備
4K、8K動画データなど高解像度な動画素材を用意します。

❷インジェスト設定を行う
プロキシファイルを作成するための「インジェスト設定」を行います。

❸データを読み込む
動画素材をPremiere Proに読み込みます。

❹プロキシファイルを作成
「Media Encoder」が起動して、取り込んだ動画素材からプロキシファイルを作成します。

❺非力デバイスで編集
作成されたプロキシファイルを利用して編集します。

❻高解像度で出力する
元の高解像度なデータを利用して動画ファイルを出力します。

SECTION
2.14

4Kの動画素材を読み込む
【プロキシを利用しない】

4Kの素材データを利用して編集を行いたい場合でも、素材の読み込み方法はFHD（フルハイビジョン）などと同じです。
ただし、インジェスト設定のプロキシを利用する場合は、注意が必要です。

■ 4K素材データの選択と読み込み

　本書サンプルの4K動画素材を、Premiere Proに読み込んでみましょう。インジェスト設定のプロキシを利用しない、あるいは後から利用する場合は、この方法で読み込みます。なお、シーケンスは読み込んだフォルダーの中に保存されています。

POINT

後からプロキシファイルを作成する場合は、TIPS「手動でプロキシファイルを作成する」（45ページ）を参照してください。

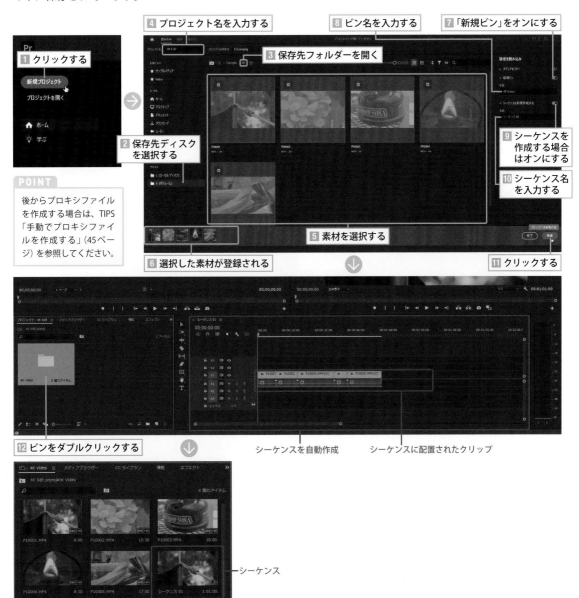

4 プロジェクト名を入力する
8 ビン名を入力する
7 「新規ビン」をオンにする
1 クリックする
3 保存先フォルダーを開く
2 保存先ディスクを選択する
9 シーケンスを作成する場合はオンにする
10 シーケンス名を入力する
5 素材を選択する
6 選択した素材が登録される
11 クリックする

12 ビンをダブルクリックする
シーケンスを自動作成
シーケンスに配置されたクリップ

シーケンス

SECTION 2.15 4Kの動画素材をメディアブラウザーから読み込む【プロキシを利用する】

4K、8Kの動画素材を編集するには、高スペックのパソコンが必要ですが、非力なマシンで編集しなければならない場合もあります。そのような場合は、インジェスト設定の「プロキシを作成」を利用します。

■ プロジェクト作成後に素材を読み込む

ここでは、4Kなどの素材データを読み込まずに「編集」画面を表示し、あとからプロキシファイルを作成しながら素材データを読み込む方法について解説します。

なお、ここでは4K素材を「**メディアブラウザー**」を利用して読み込んでみましょう。

1 素材を指定せずに「編集」画面を表示する

プロキシファイルを利用して4Kなど高解像度な動画素材を編集する場合、「読み込み」画面では素材を選択しないで、プロジェクトのみを新規に作成して「編集」画面を表示します。

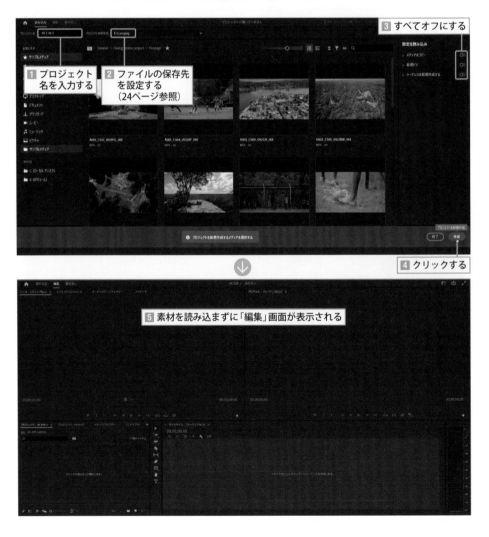

2 インジェスト設定を有効にする

　「**インジェスト**」とは、ビデオカメラから編集用のストレージ（ハードディスクなど）にデータを転送することです。4Kや8Kなど高解像度のデータをPremiere Proに読み込む場合、素材の動画ファイルとは別に、「**プロキシファイル**」と呼ばれる低解像度の動画ファイルを作成して編集を行う場合は、次の方法で動画素材の読み込みと同時に、プロキシファイルを作成します。

　これによって、ノートパソコンなど非力なマシンでも高解像度な動画データの編集が可能になります。そのためには、「プロジェクト設定」ダイアログボックスにある「**インジェスト設定**」でプロキシファイルの作成を有効にする必要があります。

　「メディアブラウザー」の「インジェスト」をチェックしてオンしたら、メニューバーから「ファイル」→「プロジェクト設定...」→「インジェスト設定...」を選択し、インジェスト設定を有効にします。

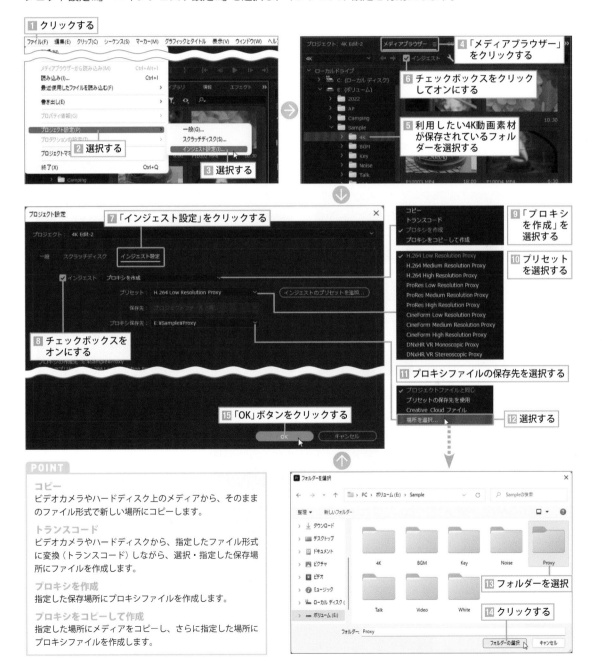

コピー
ビデオカメラやハードディスク上のメディアから、そのままのファイル形式で新しい場所にコピーします。

トランスコード
ビデオカメラやハードディスクから、指定したファイル形式に変換（トランスコード）しながら、選択・指定した保存場所にファイルを作成します。

プロキシを作成
指定した保存場所にプロキシファイルを作成します。

プロキシをコピーして作成
指定した場所にメディアをコピーし、さらに指定した場所にプロキシファイルを作成します。

43

POINT

プリセットの設定内容は、「概要：」に表示されます。

概要：

プロキシの作成先：E:¥Sample¥Proxy
使用中のプリセット：H.264 Low Resolution Proxy
ビデオ：ソースに基づく、ハードウェアエンコーディング, Intel Codec
ビットレート：VBR, 1 パス, ターゲット 10.00 Mbps
オーディオ：ソースに基づく、標準：AAC, 320 Kbps, 48 kHz, ステレオ
コメント：フレームサイズが 1024 x 540 に設定されます。ソースの一致は、フレームレート、フィールドオーダー、縦横比などに関して設定されます。フレームサイズは 4K (4096 x 2160) / 5K (5120 x 2700) / 8K (8192 x 4320) 対応でスケーリングされます。

TIPS ▶ プロキシファイルの保存先

プロキシファイルは、デフォルトではプロジェクトファイルと同じ場所に保存されます。ここでは、プロキシファイル用のフォルダーを作成し、そこに保存されるように設定しています。

3 素材データを読み込む

　インジェスト設定でプロキシ作成を有効にしたら、動画素材を読み込みます。このとき、動画素材の読み込みと同時にプロキシファイルが作成されます。

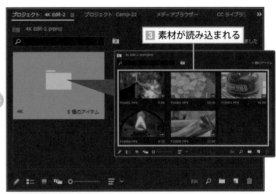

3 素材が読み込まれる

1 フォルダーを右クリックする

2 「読み込み」を選択する

4 Media Encoderが起動する

5 プロキシファイルが作成される

6 作成されたプロキシファイル

CHAPTER 2

TIPS 手動でプロキシファイルを作成する

プロキシファイルはMedia Encoderによって自動的に作成されますが、手動でも作成できます。たとえば、FHD（フルハイビジョン）の動画ファイルを編集するプロジェクトに、4Kの動画を混在させて編集するときに便利です。

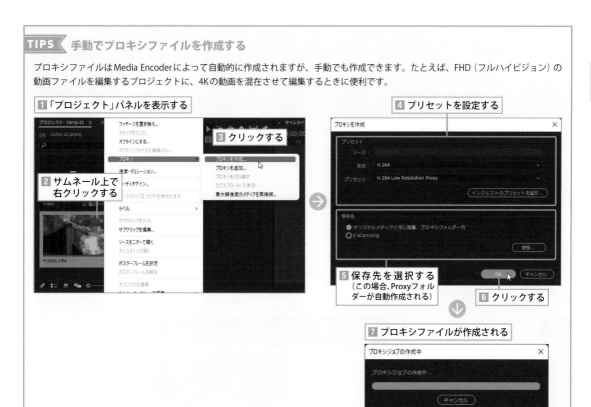

① 「プロジェクト」パネルを表示する

② サムネール上で右クリックする

③ クリックする

④ プリセットを設定する

⑤ 保存先を選択する
（この場合、Proxyフォルダーが自動作成される）

⑥ クリックする

⑦ プロキシファイルが作成される

TIPS インジェストをオフにする

FHDの動画素材を利用する場合は、メディアブラウザーの「インジェスト」をオフに設定してください。オンのままだと、FHDの動画素材を読み込むときにもプロキシファイルを作成してしまいます。

オフにする

TIPS 長尺ファイルの読み込みは
メディアブラウザーで

ビデオカメラでは、セミナーや講演会など**長時間の録画映像**は、複数の動画ファイルに分割して保存されます。この動画を1本のまとまった動画データとして読み込む場合は、ここでの操作同様に**メディアブラウザー**で読み込んでください。標準機能の「読み込み」画面からの読み込みでは、1本のまとまった動画データとして読み込むことができません。

SECTION

2.16 プロキシモードに切り替える

インジェスト設定でプロキシの利用を選択した場合、編集時にプロキシモードを有効にする必要があります。
この場合、切り替えボタンを設定すると、簡単に切り替えられます。

■ 環境設定でプロキシの有効／無効を切り替える

インジェスト設定でプロキシファイルの利用を選択した場合、環境設定で**プロキシを有効化**しないと、プロキシファイルを利用した編集ができません。

設定は、「環境設定」→「メディア」→「プロキシを有効化」で有効化をオン／オフします。

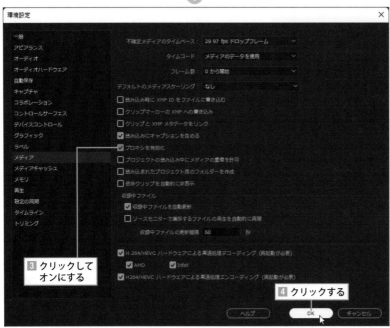

POINT

プロキシを有効にすると、「プログラム」モニターの映像もプロキシファイルの映像に切り替わります。ただし、プロキシファイルの映像も画質が良いので、切り替わったことがわからない場合が多いです。

■ 切り替え用のボタンを設定する

　環境設定でのプロキシのオン／オフは煩雑です。そのため、「プログラム」モニターパネルに**切り替えボタンを設定**しておくと、ワンクリックでオン／オフの切り替えが可能です。

1 「ボタンエディター」をクリックする
2 「プロキシの切り替え」をドラッグ＆ドロップする
3 クリックする

4 ボタンが設定される

ボタンが青：プロキシが有効　　　　　　　　ボタンが白：プロキシが無効

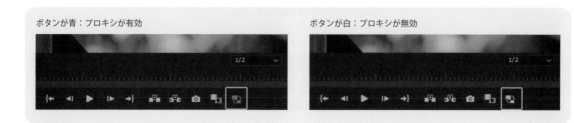

SECTION 2.17 プロジェクトを保存する

プロジェクトの設定を確認したら、編集作業を開始する前に、プロジェクトの保存を実行しておきましょう。万が一に備えて、プロジェクト保存の作業を手動で行うように習慣づけましょう。

■ 手動でプロジェクトを保存

36ページで解説した自動保存を利用すると、定期的にプロジェクトを保存してくれます。しかし、1つの作業を終えて別の作業に移る前に、一度プロジェクトを保存する習慣を身に付けると、作業を変えた途端にハングアップするなど、万が一のときに役立ちます。

TIPS　未保存のマーク

タイトルバーにはプロジェクトのパス（保存場所のルート）とプロジェクトファイル名が表示されています。その名前の右上には「＊」というアスタリスクマークが表示されている場合があります。これが表示されている場合は、プロジェクトが保存されていないという表示です。必要に応じて保存を実行してください。

ShortCut

保存
Win Ctrl ＋ S キー
Mac command ＋ S キー

別名で保存
Win Ctrl ＋ Shift ＋ S キー
Mac command ＋ shift ＋ S キー

動画の配置と並べ替え

SECTION 3.1 「編集」画面の名称と機能

ビデオの編集作業は「編集」画面で行いますが、この画面を「ワークスペース」と呼びます。ワークスペースは「パネル」と呼ばれる複数のウィンドウで構成されています。

■「編集」画面とワークスペース

Premiere Proの「編集」画面は「**パネル**」と呼ばれる複数のウィンドウがグループ化され、さらにグループが集まって「**ワークスペース**」が構成されています。

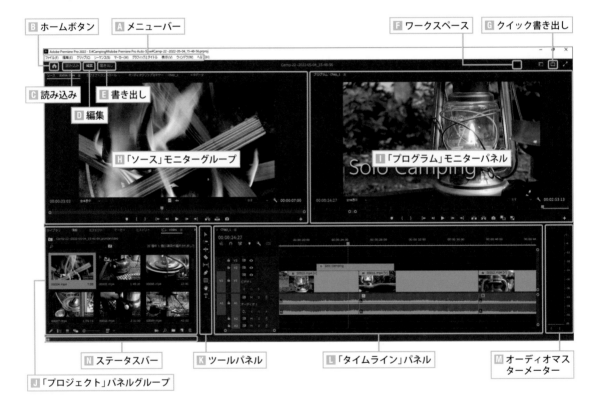

A **メニューバー**

Premiere Pro のコマンドを選択／実行します。

B **ホームボタン**

ホーム画面に切り替えます。

C **読み込み**

「読み込み」画面に切り替えます。

D 編集

「編集」画面に切り替えます。

E 書き出し

「書き出し」画面に切り替えます。

F ワークスペース

ワークスペースの切り替えメニューを表示します。

G クイック書き出し

ワンクリックで動画ファイルを出力します。

H 「ソース」モニターグループ

読み込んだクリップの再生映像が表示されます。その他のパネルもグループ化されています。

I 「プログラム」モニターパネル

編集中のクリップの状態を表示します。

J 「プロジェクト」パネルグループ

読み込んだ素材データを管理する「プロジェクト」パネルなどがグループ化されています。

K ツールパネル

編集ツールのアイコンが登録されています。

L 「タイムライン」パネル

「シーケンス」パネルを配置し、その上でクリップの編集を行います。ビデオ編集のメインとなるパネルです。

M オーディオマスターメーター

編集中のクリップの音声データの音量を表示します。

N ステータスバー

警告アイコンなどを表示します。

POINT

> シーケンスを作成しながら「編集」画面を表示した場合は、この後のSECTIONは必要に応じて参照し、CHAPTER 4「動画のトリミング」へ進んでも大丈夫です。

SECTION 3.2 シーケンスを手動で作成する

「編集」画面をキャンプ場での料理に例えると、テントが「ワークスペース」、調理用に開いたテーブルが「タイムライン」パネル、テーブルの上に置いたまな板が「シーケンス」というイメージになります。このまな板の上で素材を調理します。

新規にシーケンスを設定する

「タイムライン」パネル、つまりテーブルだけで料理はできないように、シーケンスというまな板を用意することで、はじめて作業ができるようになります。

Premiere Proでは、「読み込み」画面で「シーケンスを新規作成する」がオンの場合、「編集」を選択して「編集」画面を表示すると、自動的にシーケンスが作成されます。この機能をオフにして「編集」画面を表示した場合は、**手動でシーケンスを作成する**必要があります。

また、現在のシーケンスとは別に新たにシーケンスが必要な場合も、新規に作成する必要があります。

例えば、次のように操作して新規にシーケンスを作成できます。

- **すでにシーケンスがある場合：3の操作で新規に作成**
- **まだシーケンスがない場合：2か3の操作で新規に作成**

1 クリップを選択する

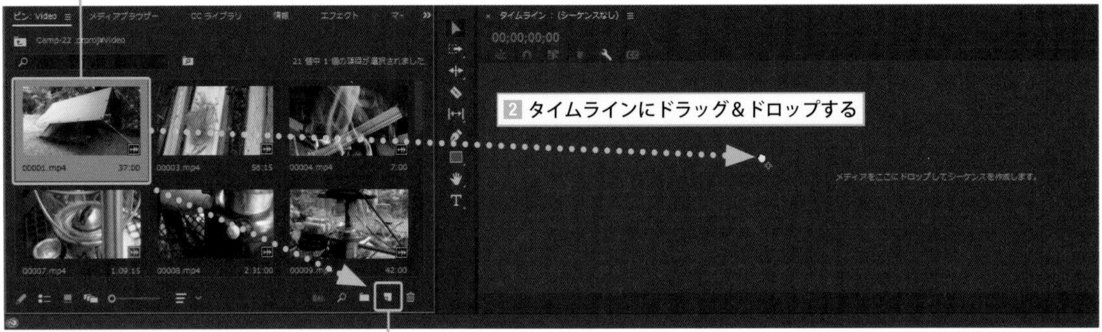

3 あるいは「新規項目」にドラッグ＆ドロップする

4 タイムラインにシーケンスが設定される

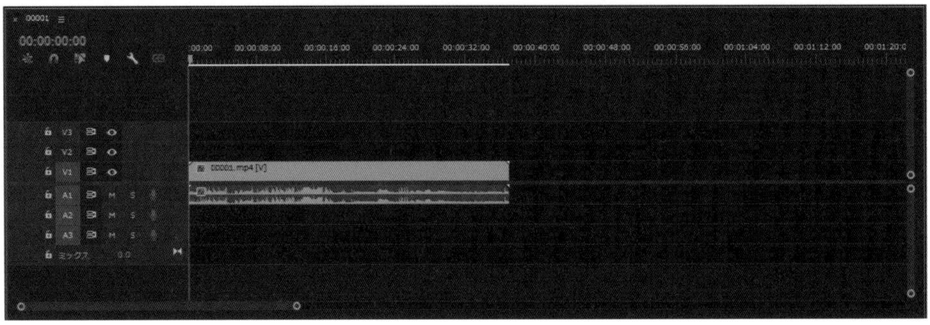

SECTION

3.3

シーケンス名を変更する

自動生成されたり手動で作成したシーケンスは、「プロジェクト」パネルにサムネールが登録されています。シーケンスの名前は、自由に変更できます。

■「プロジェクト」パネルで変更する

既存シーケンスのサムネールは、「プロジェクト」パネルに登録されています。シーケンス名は、このサムネールの名前を修正して変更します。

1 シーケンスを確認する

「プロジェクト」パネルに登録されているシーケンスのサムネールは、右下に**シーケンスアイコン**が表示されています。素材クリップとの違いを区別しましょう。

シーケンス名　シーケンスアイコン

2 シーケンス名を変更する

シーケンス名をクリックして、名前を変更します。
同時に、「シーケンス」パネルのシーケンス名も変更されます。

1 名前をクリックする　　2 名前を変更して、Enter キーを押して確定する

3 タブのシーケンス名も変更される

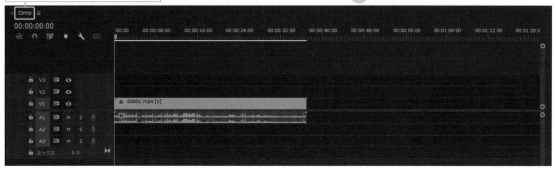

53

SECTION
3.4 シーケンスの機能と構成

「タイムライン」パネルというテーブルに広げたまな板の「シーケンス」には、さまざまな機能が組み込まれています。この機能を使いこなして素材を調理するのですが、その方法について解説します。

■ シーケンスについて

　シーケンスはタイムライン（時間軸）を持った「トラック」で構成され、このトラックに素材を配置します。そして、配置した素材を切り貼りして編集します。いわば、ビデオ編集を行うためのメインエリアです。

　シーケンスは、1つのプロジェクトに複数設定できます。書籍でいえば「章」のようなものです。たとえば、「キャンプ場ガイド」という書籍を作成する場合、キャンプ場ごとに各章を作成して、各章をまとめると1冊の本が出来上がります。

　シーケンスも同じです。例えば「ヒマワリキャンプ場」「ラムネキャンプ場」など個別のキャンプ場映像をそれぞれのシーケンスで編集し、それをさらに1つにまとめれば、1本のムービーが完成するというイメージです。本書では、「Camp」というシーケンスでムービーを制作していることになります。

▶「シーケンス」パネルの構成

　「シーケンス」パネルは、次のような要素で構成されています。

スーパーインポーズトラック
「V2」以上のトラックは、クリップ全体やクリップの一部を透明に設定でき、「V1」のメイントラックのクリップと合成できる。なお、追加できるトラック数に制限はない

同期ロックの切り替え
リップル編集などでクリップを移動する際、映像、オーディオの同期のオン／オフを切り替える

トラックターゲットの切り替え
シーケンスにクリップを追加する場合、追加する対象となる1つまたは複数のトラックを割り当てることができる

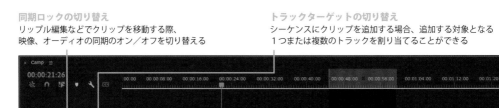

トラックのロック／ロック解除
クリックしてカギのアイコンを表示すると、クリップの編集ができないようにロックされる。もう一度クリックすると、ロックが解除される

ロックされたトラック
トラックをロックすると斜線が表示され、トラックのクリップを編集できなくなる

「A」トラック
オーディオデータを編集するためのトラック

「V」トラック
編集の基本となるビデオトラックで、クリップをメイントラックと呼ばれる「V1」トラックに配置して編集する。
このトラックに配置したクリップと別のクリップを合成したい場合は、合成したいクリップをスーパーインポーズトラックに配置する

現在のタイムコード
編集ラインのある位置のタイムコードを表示する。数字をダイレクトに
入力し、指定したタイムコード位置に再生ヘッドをジャンプできる

シーケンスのタブ
タブをクリックして、編集対象の
シーケンスを切り替える

パネルメニュー（58ページ参照）

マーカーを設定
タイムラインにマーカーを設定する

再生ヘッドと編集ライン
編集対象となるトラックのフレーム位置がどこか
を表示する。編集ラインのあるフレーム映像が、
「プログラム」モニターに表示される

時間スケール
シーケンスの時間を表示する時間軸。
ズームイン、ズームアウトによって、
表示時間の単位を変更できる

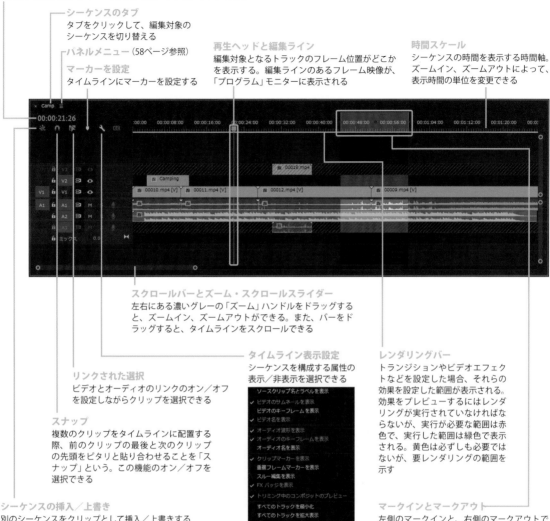

スクロールバーとズーム・スクロールスライダー
左右にある濃いグレーの「ズーム」ハンドルをドラッグする
と、ズームイン、ズームアウトができる。また、バーをド
ラッグすると、タイムラインをスクロールできる

タイムライン表示設定
シーケンスを構成する属性の
表示／非表示を選択できる

レンダリングバー
トランジションやビデオエフェク
トなどを設定した場合、それらの
効果を設定した範囲が表示される。
効果をプレビューするにはレンダ
リングが実行されていなければな
らないが、実行が必要な範囲は赤
色で、実行した範囲は緑色で表示
される。黄色は必ずしも必要では
ないが、要レンダリングの範囲を
示す

リンクされた選択
ビデオとオーディオのリンクのオン／オフ
を設定しながらクリップを選択できる

スナップ
複数のクリップをタイムラインに配置する
際、前のクリップの最後と次のクリップ
の先頭をピタリと貼り合わせることを「ス
ナップ」という。この機能のオン／オフを
選択できる

シーケンスの挿入／上書き
別のシーケンスをクリップとして挿入／上書きする
か、シーケンスとして扱うかを選択する

マークインとマークアウト
左側のマークインと、右側のマークアウトで
範囲を選択し、編集対象の範囲を限定できる

TIPS レンダリングを手動で実行する

レンダリングバーが赤色で、手動でレンダリングを実行し
たい場合は、メニューバーから「シーケンス」→「レンダリ
ング」→「インからアウトをレンダリング」を選択します。

55

SECTION

3.5 シーケンスを操作する

シーケンスは、動画などのクリップと同じように「プロジェクト」パネルで管理でき、シーケンスを開いたり閉じたりすることができます。

■ シーケンスをビンで管理する

シーケンスは「プロジェクト」パネルで管理されます。この場合のシーケンスは、動画などと同じ「素材」として扱われるので、シーケンスを開いたり閉じたりすることができます。

▶ シーケンスを閉じる

「タイムライン」パネルで開いているシーケンスは、シーケンスタブの左にある「×」をクリックして閉じることができます。

1 クリックする

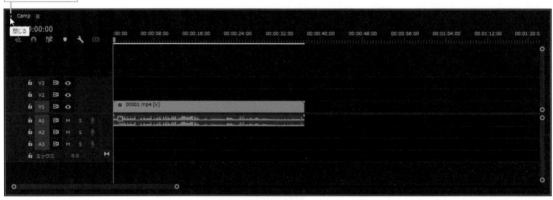

2 シーケンスが閉じられる

▶ シーケンスを開く

「プロジェクト」パネルでシーケンスのサムネール
をダブルクリックすると、シーケンスを表示すること
ができます。

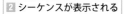

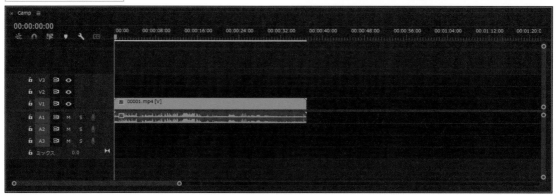

■ 複数のシーケンスを操作する

シーケンスは複数作成でき、同じ「プロジェクト」パネルに登録されます。なお、シーケンスは動画素材と同じ
ようなサムネールなので、区別が困難です。

そこで、シーケンス専用のビンを設定して、シーケンスを管理してみましょう。

CHAPTER 3

57

**⑤ 複数のシーケンスを
保存／管理する**

TIPS シーケンスのパネルメニュー

シーケンスのタブ名の右にある「**パネルメニュー**」をクリックすると、シーケンスの機能に
応じたパネルメニューの表示／非表示が設定できます。
なお、パネルメニューはシーケンスごとに設定内容を変更して利用できます。

TIPS ワークエリアバーの表示

シーケンスのパネル
メニューから「**ワー
クエリアバー**」を選
択すると、シーケン
スから動画出力でき
る範囲などを限定で
きます。

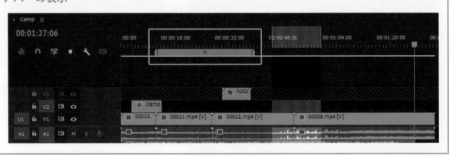

SECTION 3.6 「プロジェクト」パネルでプレビューする

動画素材のプレビューは「読み込み」画面でも可能ですが（25ページ参照）、素材を取り込んだ「プロジェクト」パネルでも可能です。どの素材を利用するのか、「プロジェクト」パネルでプレビューしてみましょう。

■ サムネールでプレビューする

　動画素材を利用する前に、どの動画素材を利用するか、その動画素材に利用したい映像部分があるかどうかを確認します。

▶ ドラッグでプレビューする

　「プロジェクト」パネルにある動画素材のサムネールにマウスを合わせて、左右にドラッグ（マウスのボタンを押さないで左右にドラッグする）と、素材をプレビューできます。この場合、動画がどのような長さ（再生成時間、デュレーション）であっても、サムネールの左端が動画のスタート、右端が動画のエンドになります。

▶ スライダーでプレビューする

　動画素材のサムネールをクリックすると、スライダーが表示されます。このスライダーを左右にドラッグすると、動画ファイルをプレビューできます。

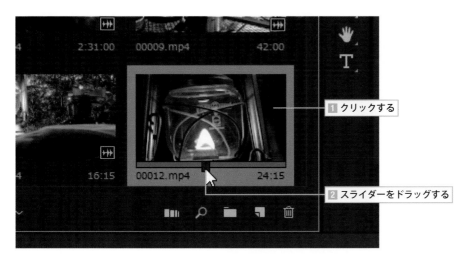

1 クリックする

2 スライダーをドラッグする

TIPS サムネールのサイズを変更する

「プロジェクト」パネルに登録されている素材のサムネールは、パネル下部にあるズームスライダーの操作でサイズを変更できます。

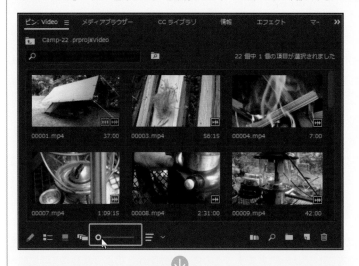

SECTION

3.7 シーケンスにクリップを配置する

料理の基本は、まな板の上で肉や野菜を切るなどの食材の下ごしらえです。ビデオ編集も同じです。まな板に相当するシーケンス上で、動画素材を下ごしらえします。その最初の作業が、シーケンスへの素材の配置です。

■ 不要なクリップを削除する

シーケンスに配置した素材を「クリップ」と呼びます。
シーケンスを設定するために配置したクリップが不要な場合は、削除します。

POINT

シーケンスを自動作成しながら素材を取り込んだ場合は、すでに
トラックにクリップが配置されています。ここから不要なクリップを削除する場合は、64ページの削除方法を参照してください。

■ ドラッグ＆ドロップで配置する

シーケンスへの動画素材の配置は、ドラッグ＆ドロップが基本です。「プロジェクト」パネルから動画素材をメイントラック「V1」にドラッグ＆ドロップして配置します。このとき、左端にピタリと接続して配置します。

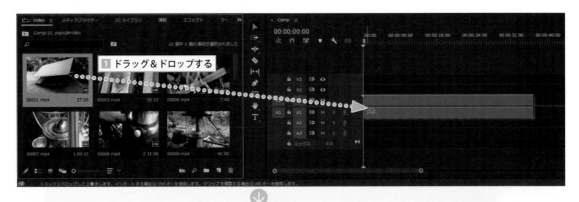

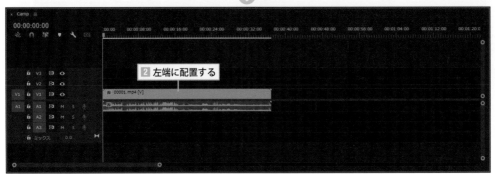

■ 複数の素材をまとめて配置する

「プロジェクト」パネルで複数のクリップを選択し、まとめてシーケンスに配置します。

TIPS 素材を複数選択する

複数の素材を選択する場合、Ctrl（Mac：command）キーやShiftキーを押しながらクリックします。

- Shiftキーを押しながらクリック：
  連続して並んでいる複数の素材を選択できる。
- Ctrlキーを押しながらクリック：
  アトランダムに複数の素材を選択できる。

■ ギャップを発生しないように配置する

　複数のクリップを配置する場合は、クリップとクリップの間を開けないように配置します。なお、クリップとクリップの間にある空き空間を「**ギャップ**」といい、シーケンスでのクリップ配置では避けなければなりません。

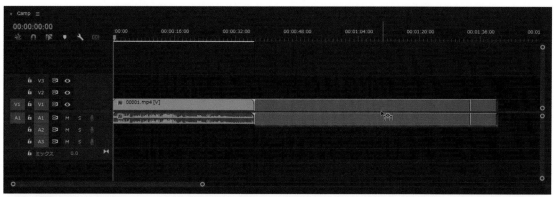

○ 正しい配置

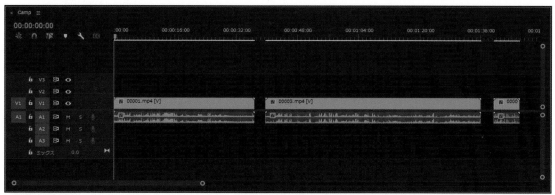

× 間違いの配置

TIPS　スナップ機能を確認する

トラックに配置したクリップの後に別のクリップを配置する場合、クリップが一定の近さまで近づくと、ピタッと磁石がくっつくように吸い付きます。これを「スナップ機能」といいますが、通常は機能機能をオンにしておきましょう。

スナップ機能がオン

スナップ機能がオフ

■ ギャップが発生しないように削除する

シーケンスのトラックに配置した複数のクリップから、特定のクリップを Delete キーで削除すると、ギャップ（空きスペース）が発生します。シーケンスを自動作成して読み込んだ場合も、削除方法は同じです。

ギャップが発生しないように削除するには、 Shift キーを押しながらクリップを削除します。

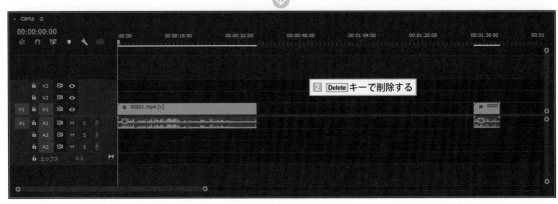

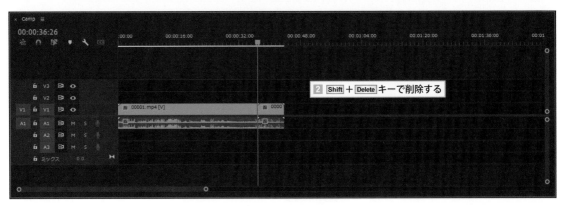

ShortCut

削除

Win Shift ＋ Delete キー

Mac shift ＋ delete キー

SECTION 3.8 「ソース」モニターを利用して配置する

「ソース」モニターパネルでは、動画をプレビューして動画素材の中から必要な範囲を指定できます。さらに、指定した範囲をシーケンスのトラックに配置できます。

■「インをマーク」「アウトをマーク」で範囲を指定する

「ソース」モニターを利用すると、1つの動画素材の中から必要な範囲を**イン点（必要な範囲の始まり）からアウト点（終わり）までを範囲指定**し、その範囲をシーケンスのトラックに配置できます。

1 動画を再生する

「ソース」モニターパネルで動画素材の内容をプレビューします。全体をザックリと確認します。

ドラッグしての確認も可能

2 コントローラーで再生する

1 サムネールをクリックする

TIPS　開いた素材を閉じる

プレビューした動画を閉じる場合は、タブのソース名の横にある■をクリックし、「すべてを閉じる」を選択します。

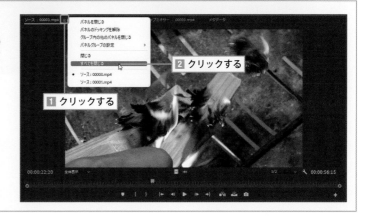

2 クリックする

1 クリックする

2 必要な範囲の始まりに「イン点」を設定する

動画の中から必要な映像範囲の始まりに、**開始点（イン点）**を設定します。

2 必要な範囲の開始フレーム映像を確認する

4 イン点が設定される

1 再生ヘッドをドラッグする　　3「インをマーク」をクリックする

3 必要な範囲の終わりに「アウト点」を設定する

動画の中から必要な映像範囲の終わりに、**終了点（アウト点）**を設定します。

2 必要な範囲の終了フレーム映像を確認する

4 アウト点が設定される

1 再生ヘッドをドラッグする　　3「アウトをマーク」をクリックする

ShortCut

インをマーク
Win / Mac Iキー

アウトをマーク
Win / Mac Oキー

4 必要な範囲が設定される

イン点とアウト点で必要な範囲が設定されます。

必要な範囲

■「インサート」でクリップを挿入配置する

イン点、アウト点で指定した必要範囲をシーケンスのトラックに配置したクリップとクリップの間に配置してみましょう。なお、再生ヘッドを接合点に合わせる場合、↑↓キーでジャンプさせると簡単に合わせられます。

1 再生ヘッドを接合点に配置する

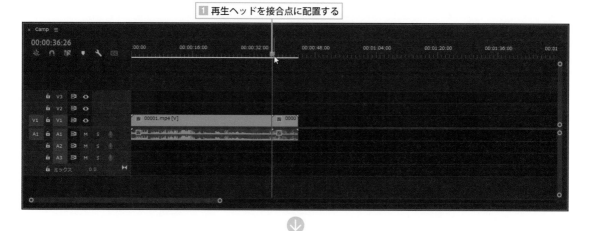

ShortCut

再生ヘッドをクリップとクリップの接合点に
ピタリとジャンプさせる
Win / Mac ↑ または ↓ キー

2 イン点、アウト点を確認する   3 「インサート」をクリックする

4 クリップとクリップ
との間に配置される

POINT

タイムラインでクリップとクリップが接合されている位置を「接合点」といいます。

■「上書き」でクリップを上書き配置する

　イン点、アウト点で指定した必要範囲を、**「上書き」**を利用してシーケンスのトラックに配置したクリップとクリップの間に配置すると、配置するトラックの下にあったクリップの上に上書きされてしまいます。

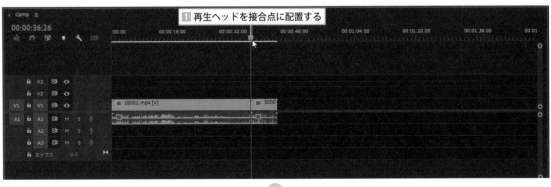

1 再生ヘッドを接合点に配置する

2 イン点、アウト点を確認する　　　　3 「上書き」をクリックする

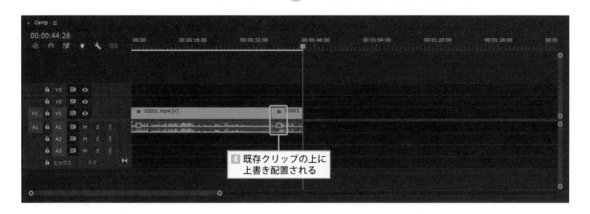

4 既存クリップの上に
上書き配置される

SECTION
3.9

「プログラム」モニターを利用して配置する

「プログラム」モニターパネルは、編集中の状態を表示するためだけでなく、「ソース」モニターパネルからドラッグ＆ドロップでクリップをトラックに配置することもできます。

■「プログラム」モニターの機能

「プログラム」モニターの基本機能は、シーケンスで編集中のフレーム映像を表示するためのモニターです。ここで、「プログラム」モニターの主な機能を確認しておきましょう。なお、コントローラーに関しての基本的な機能は、「ソース」モニターも同じです。

再生ヘッド位置のタイムコード　　再生ヘッド位置のフレーム映像

再生ヘッド　再生用コントローラー

TIPS 再生に関する機能

「プログラム」モニターでのコントローラーでは、再生や停止、1フレームでの移動などが可能です。

インへ移動
イン点へ再生ヘッドを移動する

再生／停止
再生の実行、停止を行う

アウトへ移動
アウト点へ再生ヘッドを移動する

1フレーム前へ戻る
再生ヘッドを1フレーム前に移動する

1フレーム先へ進む
再生ヘッドを1フレーム先に移動する

■「プログラム」モニターでクリップを配置する

「プログラム」モニターは、シーケンスで編集中の状態を表示するためのモニターですが、「プログラム」モニターからシーケンスにクリップを配置することも可能です。

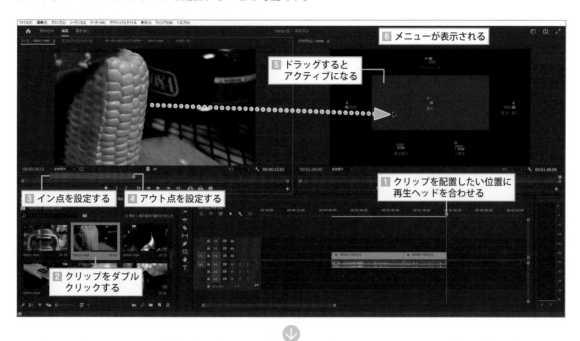

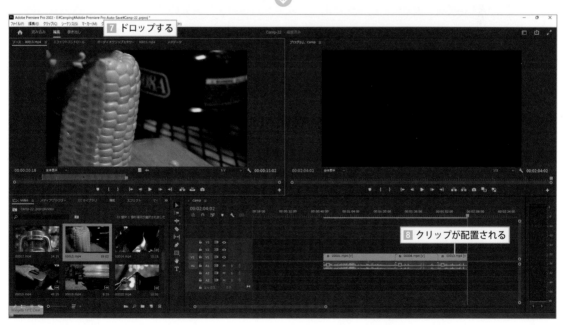

CHAPTER 3

▶ 配置できる場所

「プログラム」モニターの配置メニューでは、ドラッグ＆ドロップするメニューの場所によってトラックへの配置位置を決めることができます。

メニュー

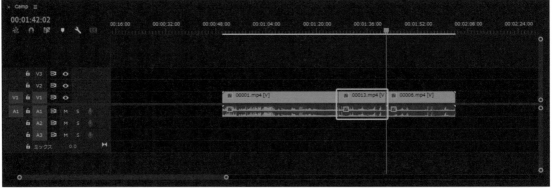

配置前のシーケンス

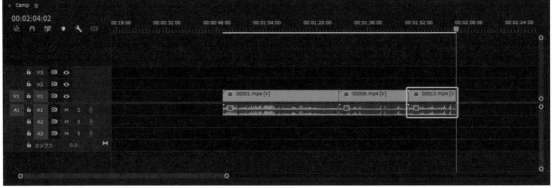

前に挿入

後ろに挿入

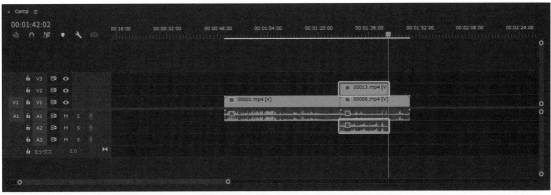

オーバーレイ

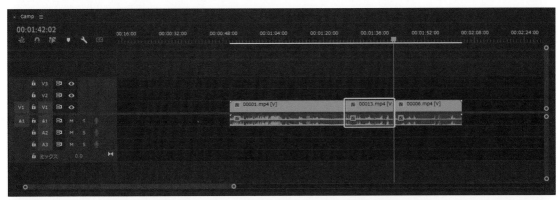

挿入

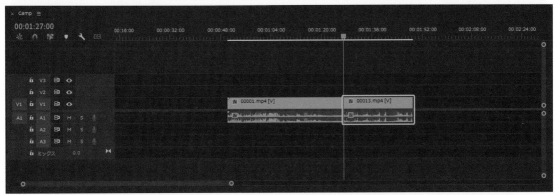

置き換え

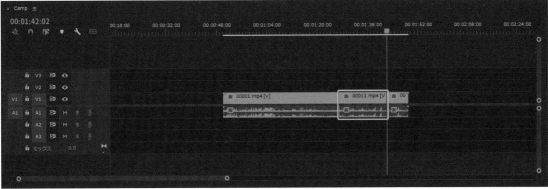

上書き

CHAPTER 3

SECTION 3.10 ソースのパッチを利用する

「ソース」モニターから「インサート」や「上書き」でシーケンスにクリップを配置するとき、トラックを指定できます。このときに利用するのが、「パッチ」です。

■ 配置するトラックを指定する

トラックヘッダーにある「**パッチ**」を利用すると、「ソース」モニターの「インサート」や「上書き」でシーケンスのトラックにクリップを配置するとき、トラックを指定できます。

▶ デフォルトでの配置（上書き）

Premiere Proのデフォルト設定でトラックにクリップを配置する場合、クリップは「V1」「A1」トラックに配置されます。

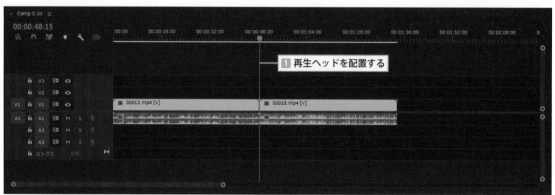

※クリップのラベルカラーを変更しています。

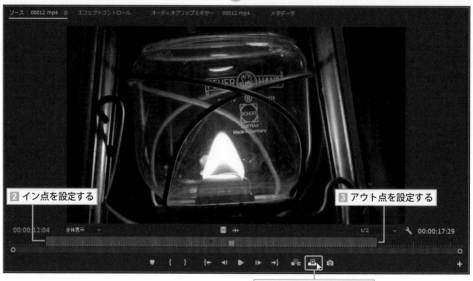

▶ パッチを指定して配置する

「パッチ」は、クリップを配置したいトラックに指定することで、指定したトラックにクリップが配置できるようになります。

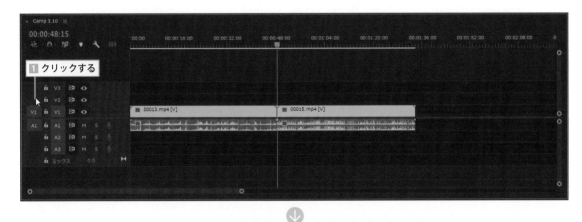

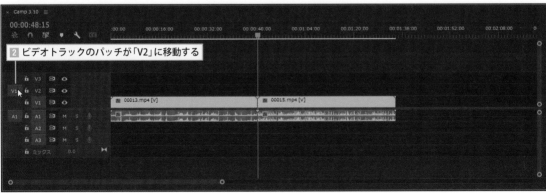

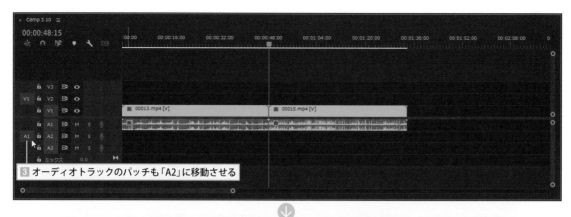

3 オーディオトラックのパッチも「A2」に移動させる

4 イン点を設定する

5 アウト点を設定する

6 「上書き」をクリックする

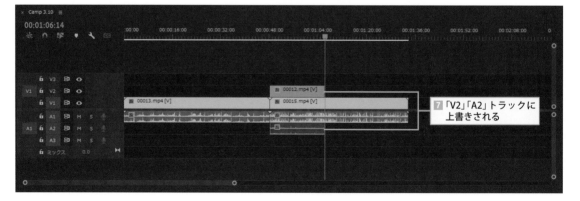

7 「V2」「A2」トラックに
上書きされる

TIPS ラベルの色を変更する

トラックに配置したクリップは、自由に色を変更できます。なお、ビデオクリップはデフォルトで「アイリス」が使用されています。

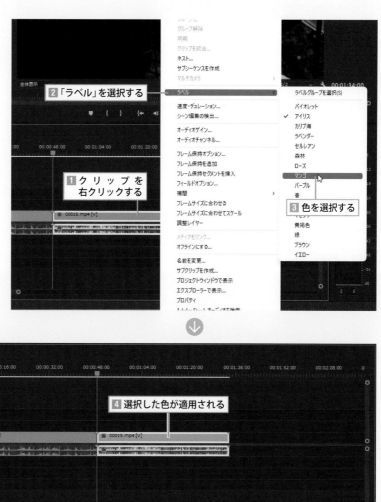

① クリップを右クリックする

② 「ラベル」を選択する

③ 色を選択する

④ 選択した色が適用される

クリップの順番を入れ替える

SECTION 3.11

Premiere Proのシーケンスでは、左から右へとクリップが再生され、その順番で動画ファイルとして出力されます。再生の順番を変更する場合は、トラック上で入れ替え作業を行います。

■ ショートカットキーでクリップの入れ替え

トラックに配置した**クリップを入れ替える**場合、単にドラッグ＆ドロップで入れ替えると、上書きやギャップが発生してしまいます。しかし、Ctrl（Mac：command）キーを利用すると、上書きやギャップを発生させずに入れ替えることができます。

入れ替え前

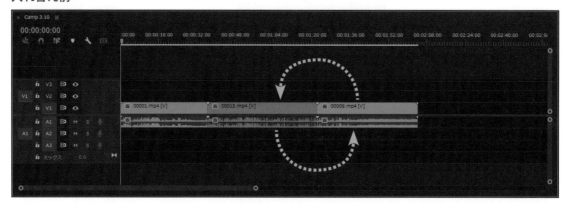

入れ替え後

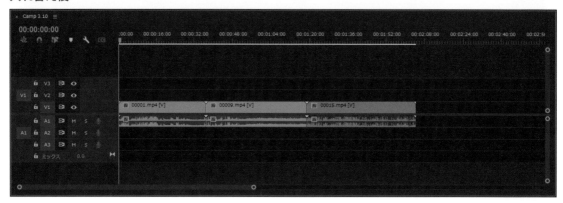

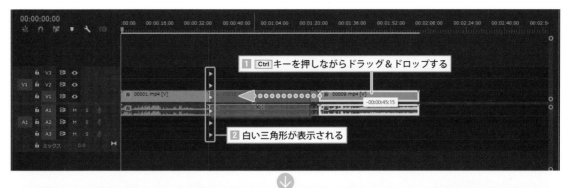

上書きしてしまったケース

[Ctrl]キーを利用しないでドラッグ＆ドロップすると、上書きしてしまいます。

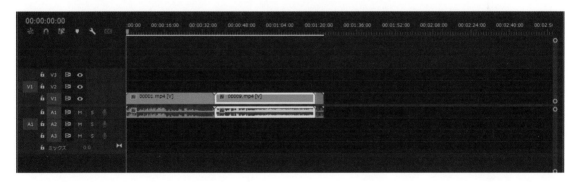

ギャップが発生したケース

クリップをドラッグする方向によっては、[Ctrl]キーを利用しないとギャップ（無駄な空き）が発生してしまいます。

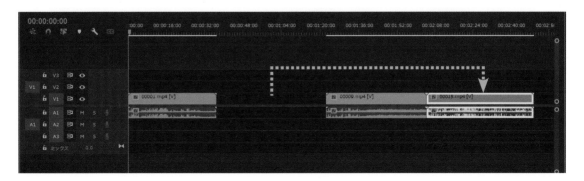

SECTION 3.12 クリップとクリップの間に挿入する

タイムラインに配置したクリップとクリップの間に別のクリップを配置する場合、ショートカットキーを利用しないと上書きしてしまう場合があります。挿入する場合は、Ctrl（Mac：command）キーを利用します。

■ クリップを挿入する

クリップとクリップの間に別の**クリップを挿入する**場合は、Ctrl キーを押しながらドラッグ＆ドロップします。ここでは、「プロジェクト」パネルからドラッグ＆ドロップして挿入する方法について解説しますが、67ページでは、「ソース」モニターを利用しての挿入方法を解説しています。

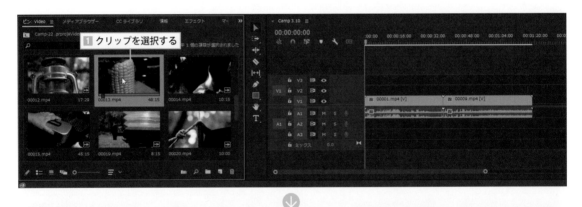

1 クリップを選択する

2 Ctrl キーを押しながらクリップとクリップの間にドラッグ＆ドロップする

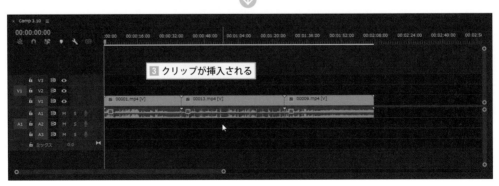

3 クリップが挿入される

SECTION

3.13 タイムラインをズーム調整する

タイムラインに複数のクリップを配置する場合、ズーム操作で表示倍率を変更できます。トラックにクリップを配置するスペースがなくなったり、クリップを編集操作する場合、作業しやすいようにサイズ調整します。

■ タイムラインのズームイン／ズームアウト

「シーケンス」パネルの下部にある「**スクロールバー**」は、ズーム機能と「**スクロールスライダー**」の双方の機能を備えています。「シーケンス」パネルの時間表示幅を調整する機能が「**ズームハンドル**」、タイムラインをスクロールさせるのが「スクロールバー」です。たとえば、ズームハンドルを左右にドラッグすると、タイムラインがズームイン（拡大表示）、ズームアウト（縮小表示）されます。

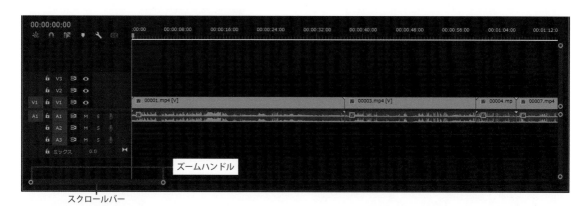

ズームインした状態

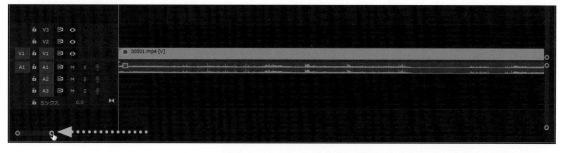

ズームアウトした状態

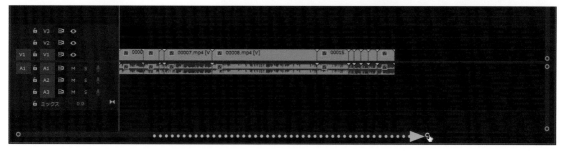

SECTION

3.14 トラックの高さを変更する

シーケンスのトラックは、作業内容に応じてトラックの高さを調整することができます。高さを広げたり狭めたり、トラックにクリップのサムネールを表示することもできます。

■ トラックヘッダーをダブルクリックする

トラックヘッダーの何もない部分をダブルクリックすると、**トラックの高さ**を広げたり、元の状態に戻すことができます。

1 ダブルクリックする

2 トラックの高さが広くなる

3 もう一度ダブルクリックする

4 元に戻る

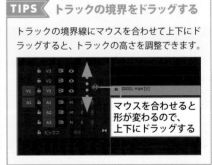

TIPS　トラックの境界をドラッグする

トラックの境界線にマウスを合わせて上下にドラッグすると、トラックの高さを調整できます。

マウスを合わせると形が変わるので、上下にドラッグする

TIPS サムネールの表示方法を変更する

トラックの高さを広くして表示されるサムネールは、シーケンスメニューから変更できます。タブのソース名の横にある☰をクリックして表示方法を選択してください。

１ クリックする

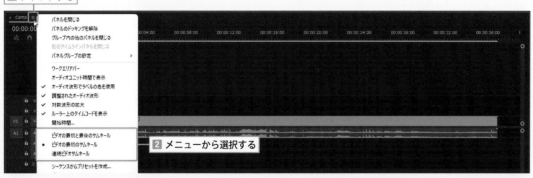

２ メニューから選択する

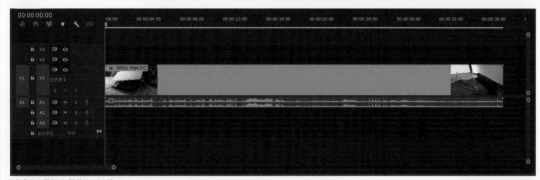

ビデオの最初と最後のサムネール

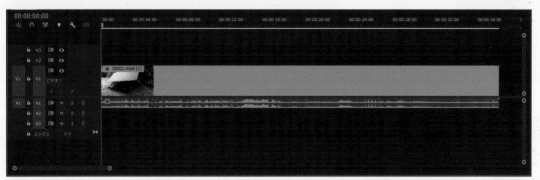

ビデオの最初のサムネール

連続ビデオサムネール

SECTION

3.15　トラックを追加／削除する

シーケンスのビデオトラック、オーディオトラックは、デフォルトでそれぞれ3本ずつ表示されています。
これらは、必要に応じて追加／削除できます。

■ トラックを追加／削除する

　シーケンスの**トラックは必要に応じて追加／削除できます**。トラックヘッダー部分を右クリックして、表示されたメニューからコマンドを選択します。
　トラックは、ビデオ、オーディオトラックそれぞれ1本ずつ、あるいは複数まとめて追加／削除できます。

▶ メニューを表示する

　トラックヘッダーのトラックのある部分、あるいはトラックのない部分で右クリックするとコンテクストメニュー（ショートカットメニュー）が表示されます。ここから追加／削除のコマンドを選択実行できます。

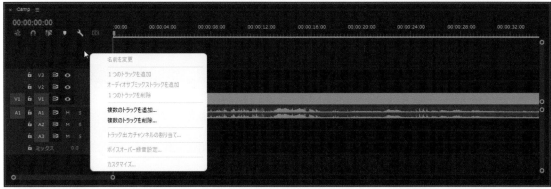

トラックのないトラックヘッダー部分で右クリック

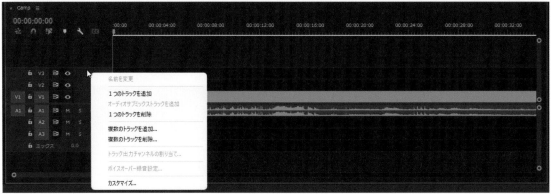

トラックのあるトラックヘッダー部分で右クリック

CHAPTER 3

▶ ビデオトラックを追加する

ここでは、ビデオトラックを1本追加する方法を解説します。

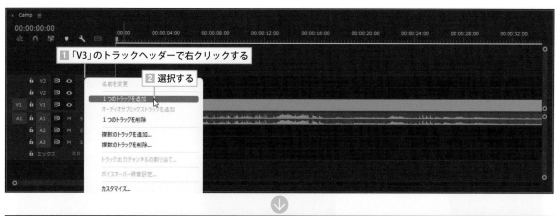

▶ 複数のトラックを追加する

　複数のビデオトラックやオーディオ／オーディオサブミックスのトラックを複数追加したい場合は、メニューから「トラックを追加」を選択して、「**トラックの追加**」ダイアログボックスで追加します。

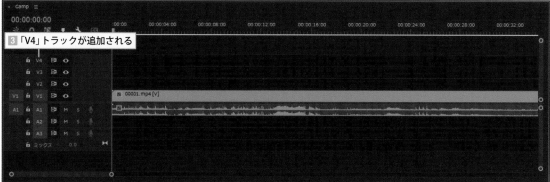

▶ トラックを削除する

　トラックの削除は、「シーケンス」メニューから「トラックの削除」を選択したり、トラック名の上で右クリックして表示されるコンテクストメニュー（ショートカットメニュー）から削除できます。

TIPS 複数トラックの種類とタイプを選択して削除する

「シーケンス」メニューから「トラックを削除」を選択すると「トラックを削除」ダイアログボックスが表示され、削除するトラックの種類をチェックして削除できます。

なお、トラックのあるトラックヘッダー上で右クリックし、「1つのトラックを削除」を選択すると、右クリックしたトラックが削除されます。

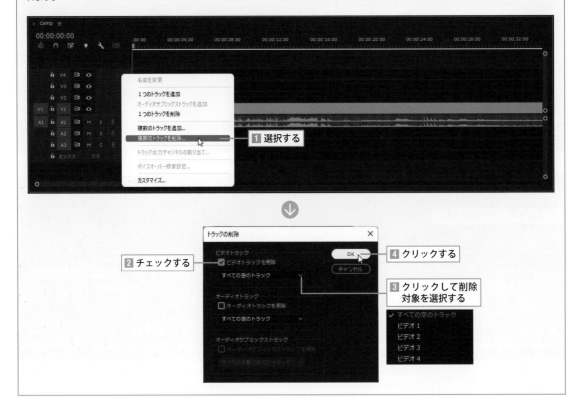

動画のトリミング

SECTION

4.1 トリミングって何だろう？

トリミングは、クリップのデュレーション（長さ、再生時間）を調整することで、時間調整と必要な映像部分をピックアップするという2つの機能を実現します。

■ トリミングを行う理由

クリップをシーケンスに配置して**トリミング**を行うと、**必要な映像だけをピックアップ**し、同時にクリップの**デュレーション（再生時間）**を調整することもできます。この2つがトリミングの目的となります。

① 必要な映像部分をピックアップする
② クリップのデュレーション（再生時間）を調整する

TIPS トリミングしなくても済むように撮影する

トリミングは必要に応じて行う作業です。たとえば、タイムラインに4〜5秒の短いクリップを並べた場合は、トリミングの必要がないケースもあります。
筆者の場合、トリミングしなくても済むように、あらかじめ短めに撮影するように心掛けているということもあります。それぞれのカットをどのように利用するのか考えながら撮影しています。

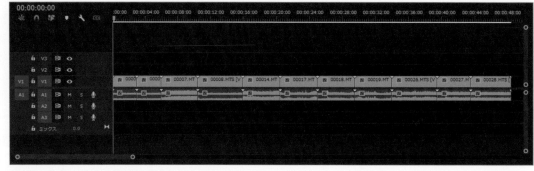

トリミングしないでクリップを並べただけのシーケンス

SECTION

4.2 トリミングの基本はドラッグ操作

トリミング操作は、クリップの先端（イン点）と終端（アウト点）の位置を変更して行います。位置の変更は、クリップのイン点とアウト点をドラッグして行います。

■ ドラッグでトリミング

トリミングの基本操作は、クリップの先端（イン点）や終端（アウト点）をドラッグで変更することです。たとえば、クリップの終端をトリミングする場合は、次のように操作します。

なお、クリップに対してトリミングを行うと、トリミング前にはあったクリップ前後の白い三角マークがなくなります。これによって、そのクリップがトリミングされているかされていないかを判断できます。

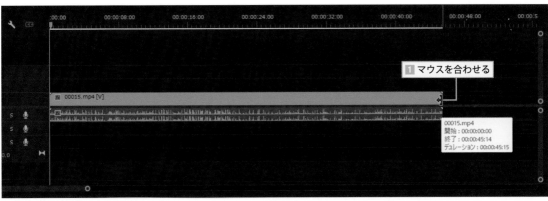

CHAPTER 4

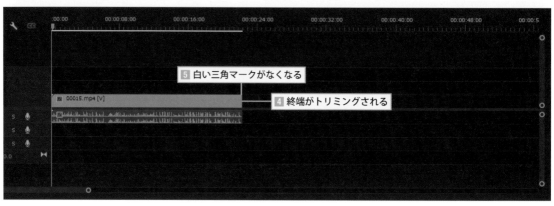

SECTION
4.3
「リップル」ツールで
ギャップを発生させない

複数のクリップが並んだシーケンスでトリミングを行うと、ギャップが発生してしまいます。ギャップが発生しないように
トリミングするには、「リップル」ツールを利用します。

■ ギャップが発生しないようにトリミング

　シーケンスに複数配置したクリップを「選択」ツールでトリミングすると、画面の例のように**ギャップが発生**
してしまう可能性があります。このような場合は、**「リップル」ツール**を利用してトリミングを行います。

「選択」ツールでトリミング

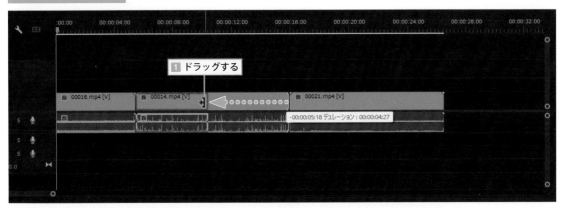

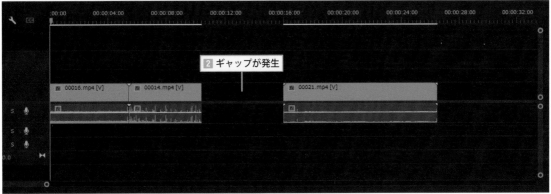

「リップル」ツールでトリミング

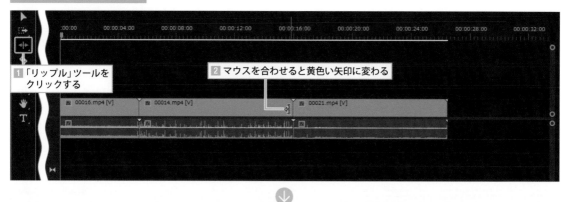

①「リップル」ツールを
　クリックする

②マウスを合わせると黄色い矢印に変わる

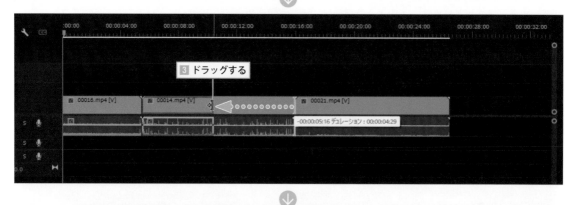

③ドラッグする

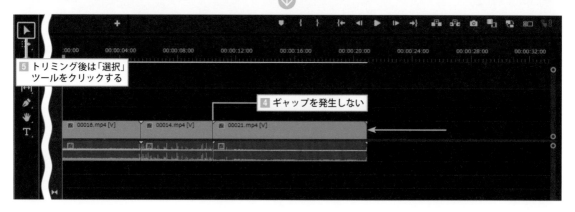

⑤トリミング後は「選択」
　ツールをクリックする

④ギャップを発生しない

TIPS 「リップル」ツールのショートカットキー

ショートカットキーを利用すると、ツールパネルでクリックする手間なく「リップル」ツールによるトリミングが可能です。

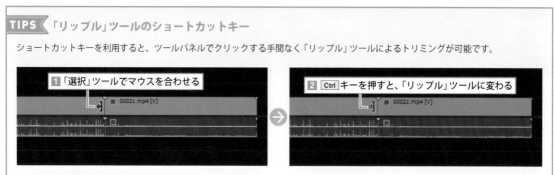

①「選択」ツールでマウスを合わせる

② Ctrl キーを押すと、「リップル」ツールに変わる

B キーを押しても「リップル」ツールに変わりますが、この場合にはトリミング後に V キーを押して、「選択」ツールに戻す必要があります。その手間を省きたいときには、Ctrl キーを利用します。

■ リップルトリミングは Q キーと W キー

リップルしながらトリミングができれば、トリミング作業もグッと効率的になります。そのためのショートカットキーとして、「**リップルトリミング**」があります。割り当てられているキーは、Q キーと W キーです。

Q キー：再生ヘッドより前をカットしてリップルする
W キー：再生ヘッドより後をカットしてリップルする

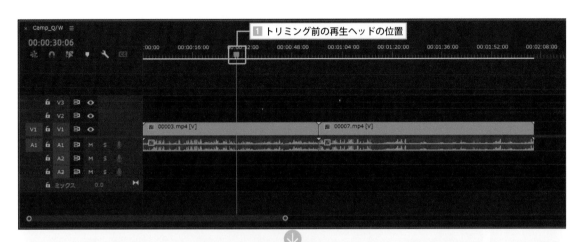

1 トリミング前の再生ヘッドの位置

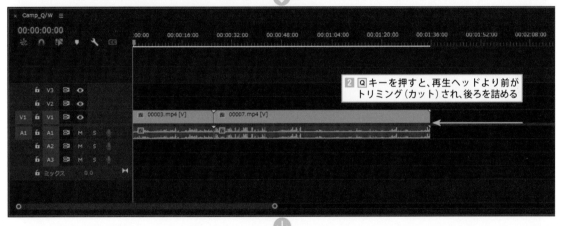

2 Q キーを押すと、再生ヘッドより前がトリミング（カット）され、後ろを詰める

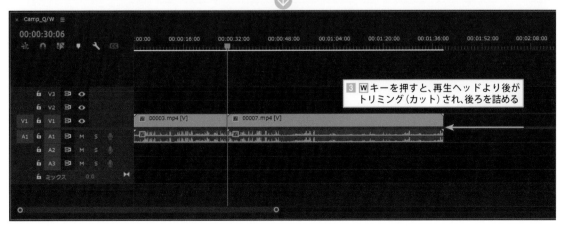

3 W キーを押すと、再生ヘッドより後がトリミング（カット）され、後ろを詰める

SECTION
4.4 クリップを分割してトリミングする

デュレーションが長めのクリップで必要箇所が複数ある、あるいは分割して不要な部分を削除するといった場合は、「レーザー」ツールを利用します。

■ クリップを分割する

シーケンスに配置したクリップを2つに分割したい場合は、「**レーザー**」ツールを利用します。

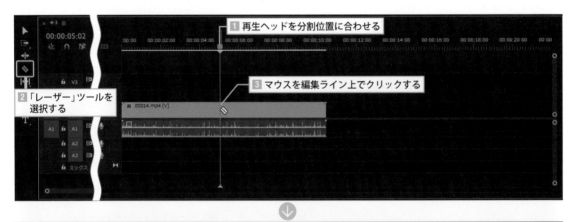

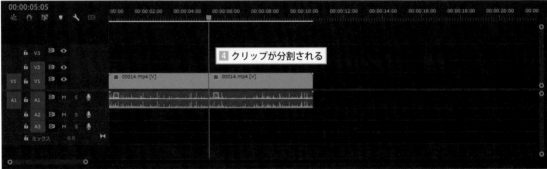

TIPS 複数トラックのクリップ分割

複数のトラックに重ねて配置したクリップは、Shiftキーを押しながら「レーザー」ツールを実行すると、まとめて分割できます。クリックするトラックは、どのトラックでも大丈夫です。

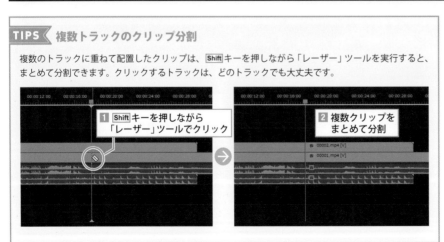

ShortCut

分割
Win / Mac Cキー

複数トラックの分割
Win / Mac
Shift + Cキー

SECTION 4.5 「ローリング」ツールで トリミングする

クリップとクリップが接合している部分を「接合点」といいますが、この接合点を移動させるツールが「ローリング」ツールです。

■ 接合点を変更する

　タイムラインでクリップとクリップが接合している場所を「接合点」といいますが、接合点は「**ローリング**」**ツール**を利用して変更できます。

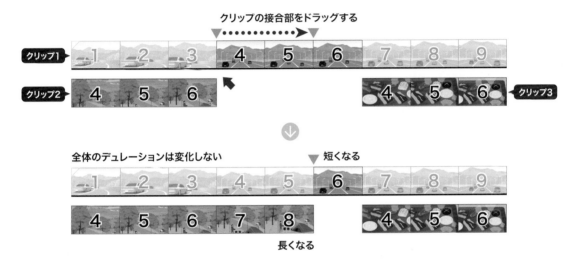

クリップの接合部をドラッグする

クリップ1　クリップ2　クリップ3

全体のデュレーションは変化しない　　**短くなる**

長くなる

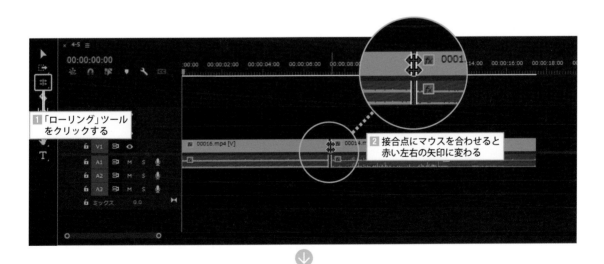

1 「ローリング」ツール をクリックする

2 接合点にマウスを合わせると 赤い左右の矢印に変わる

95

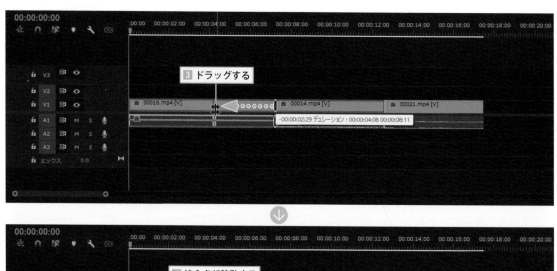

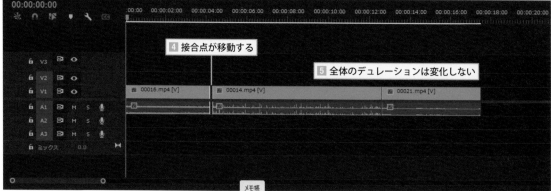

SECTION 4.6 「スリップ」ツールでトリミングする

トリミング済みのクリップを配置したトラックで、クリップのデュレーションを変更しないでクリップ内のイン点／アウト点を変更するには、「スリップ」ツールを利用します。

■ クリップ内のイン点／アウト点を変更する

　トリミング済みのクリップを配置したトラックで、クリップのデュレーション（再生時間）や配置位置を変えないで**クリップのイン点／アウト点を変更する**場合は、「**スリップ**」ツールを利用します。

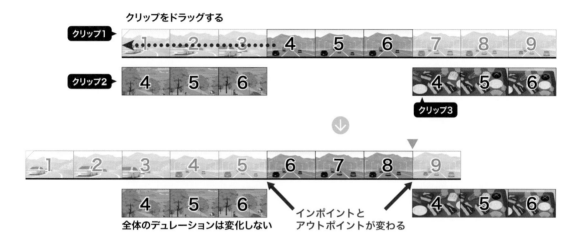

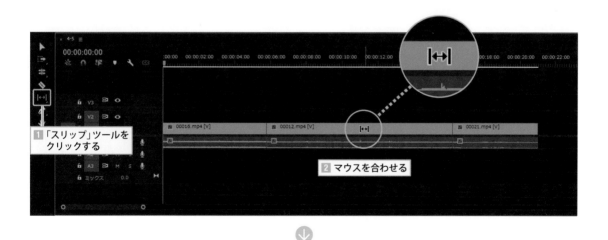

POINT

ローリングツールは、トリミング済みのクリップに対して利用します。トリミングされていないと、ツールを利用できません。

SECTION
4.7

「スライド」ツールでトリミングする

トリミング済みのクリップを配置したトラックでクリップの配置位置を変更するには、「スライド」ツールを利用します。

■ トラックでの配置位置を変更する

　トリミング済みのクリップを配置したトラックで、クリップのデュレーション（再生時間）を変えずに**クリップの配置位置だけを変更**したい場合は、**「スライド」ツール**を利用します。
　この場合、移動させるクリップのイン点／アウト点は変わりませんが、隣接するクリップのアウト点やイン点が変わります。

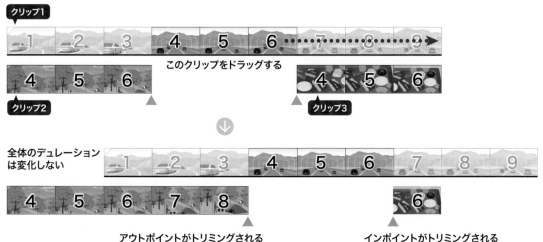

3 マウスを合わせる

4 マウスをドラッグする

7 クリップ内のイン点の映像（変化しない）　8 クリップ内のアウト点の映像（変化しない）

00:00:06:15　00:00:01:00

5 前のクリップのアウト点
映像が変わる

6 後のクリップのイン点
映像が変わる

9 クリップの位置が変わる

SECTION 4.8 イン点とアウト点を設定する

トラックに対してトリミングなどの編集を行いたい場合、範囲を設定して処理を行うことができます。この場合、イン点と
アウト点を「プログラム」モニターで設定して対象範囲とすることができます。

■ イン点とアウト点を設定する

トラックに配置したクリップに対して、編集対象としたい**範囲の開始点を「イン点」**、**範囲の終了点を「アウト
点」**といいます。65ページでは、トラックに配置したい映像の必要範囲を「ソース」パネル内でイン点／アウト
点を指定する方法を解説していますが、ここでは、**「プログラム」モニターで設定する**方法について解説します。

▶ イン点を設定する

イン点は、「プログラム」モニターのコントローラーにある**「インをマーク」**を利用して設定します。

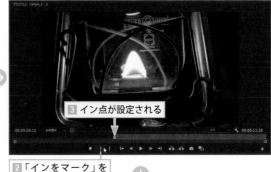

1 イン点を設定したい位置に合わせる

3 イン点が設定される

2「インをマーク」を
クリックする

4 シーケンスの同じ位置にもイン点が設定される

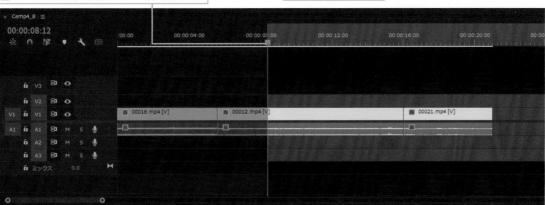

ShortCut

イン点
Win / Mac ［I］キー

アウト点
Win / Mac ［O］キー

▶ **アウト点を設定する**

アウト点は、「プログラム」モニターのコントローラーにある「**アウトをマーク**」を利用して設定します。

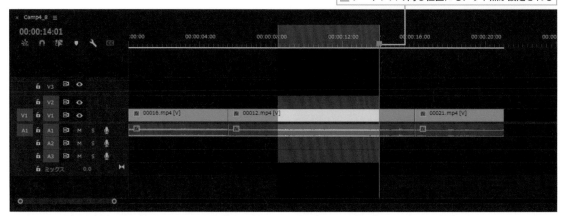

▶ **イン点／アウト点を移動する**

「プログラム」モニターやシーケンスのタイムラインに設定されたイン点／アウト点は、**ドラッグで位置を変更**できます。

▶ イン点／アウト点を消去する

　設定した**イン点／アウト点を消去する**には、「プログラム」モニター上で右クリックするか、シーケンスのタイムラインで右クリックして表示されるコンテクストメニュー（ショートカットメニュー）からコマンドを選択して消去します。なお、ショートカットキーの利用もおすすめです。

TIPS　イン点／アウト点へジャンプ

右クリックで表示されたコンテクストメニュー（ショートカットメニュー）から「インへ移動」「アウトへ移動」を選択します。選択すると、再生ヘッドが最も近いイン点、アウト点にジャンプします。

ShortCut

イン点の消去
Win Ctrl ＋ Shift ＋ I キー
Mac command ＋ shift ＋ I キー

アウト点の消去
Win Ctrl ＋ Shift ＋ O キー
Mac command ＋ shift ＋ O キー

イン点、アウト点の消去
Win Ctrl ＋ Shift ＋ X キー
Mac command ＋ shift ＋ X キー

SECTION 4.9 「リフト」と「抽出」でトリミングする

「プログラム」モニターの「リフト」と「抽出」を利用すると、イン点／アウト点で設定した範囲をスペースを設けて削除したり、空白を入れて切り取ることができます。

■「リフト」で切り取る

「プログラム」モニターやシーケンスに設定したイン点／アウト点の範囲は、「**リフト**」を利用すると、範囲内のフレームをカットして、範囲をギャップとして残すことができます。ギャップには、他のクリップを配置することが可能です。

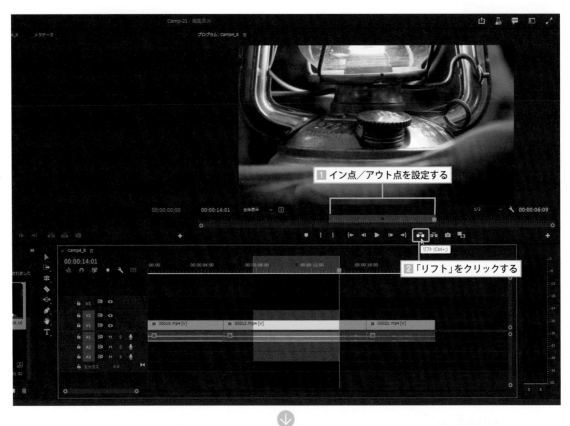

1 イン点／アウト点を設定する

2 「リフト」をクリックする

3 選択範囲がギャップとして残る

■「抽出」で切り取る

「プログラム」モニターやシーケンスに設定したイン点／アウト点の範囲は、「**抽出**」を利用すると、ギャップを発生させずに範囲内のフレームをカットします。

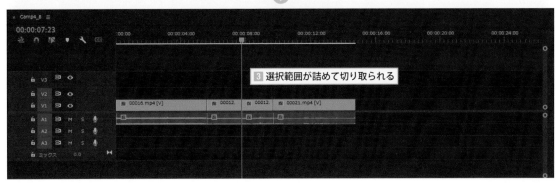

SECTION

4.10 マーカーを設定する

トリミングを始め、さまざまな編集作業でメモを記録したい場合があります。そのようなときに利用したいのが、編集のためのメモ機能である「マーカー」です。

■ マーカーのタイプと種類

「**マーカー**」は、シーケンスに記録するメモとして利用できる機能です。なお、マーカーにはシーケンスに設定するマーカーと、クリップに設定するマーカーの2つのタイプがあります。

また、マーカーには、マーカーの機能に応じて4種類のタイプがあります。利用目的に応じて、シーケンスやクリップに設定します。

シーケンスに設定したマーカー

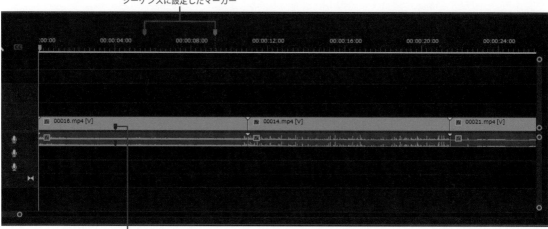

クリップに設定したマーカー

マーカーの種類

コメントマーカー	タイムラインにコメントやメモを残すマーカーとして利用する
チャプターマーカー	オーサリングソフトでDVD-Videoを作成する場合、ビデオ内のポイントにジャンプするためのマーカーとして利用する
セグメンテーションマーカー	MXFファイル規格「AS-11」に対応したマーカー。ビデオ範囲に特定のワークフローを設定できるマーカーとして利用できる
Webリンク	ムービーにハイパーリンク機能を付加して、Webにジャンプさせることができる。 ただし、QuickTimeなどWebリンクをサポートしたファイル形式でのみ機能する

■ シーケンスにマーカーを設定する

シーケンスにマーカーを設定するには、マーカーを設定したい位置を決めて次のように操作します。

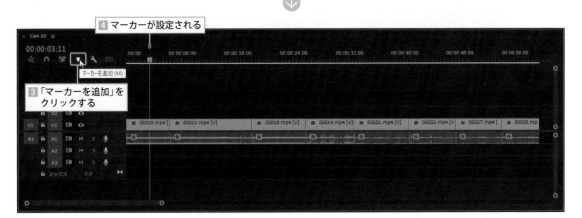

■ クリップにマーカーを設定する

クリップにマーカーを設定する場合は、「プロ
ジェクト」パネルでクリップを選択して「ソース」
モニターパネルで設定します。

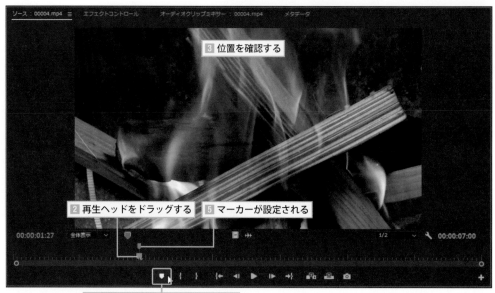

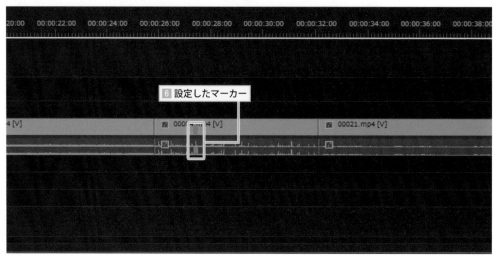

SECTION
4.11 マーカーをカスタマイズする

シーケンスやクリップに設定したマーカーには、名前やコメントを設定したり、マーカーの種類を選択できます。設定方法は、シーケンス、クリップどちらのマーカーでも同じです。

■ シーケンスのマーカーをカスタマイズする

ここでは、シーケンスに設定した**マーカーをカスタマイズする**方法を解説します。マーカーのカスタマイズは、「マーカー」ダイアログボックスを表示して行います。

▶ 名前とコメントを入力する

シーケンスに設定したマーカーに、名前とコメントを設定してみましょう。

109

■ オプションの選択

「オプション」ではマーカーの色と種類を選択できます。デフォルトでは、色は「緑」、種類は「コメントマーカー」に設定されています。

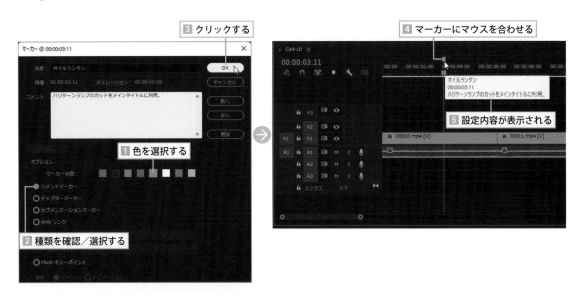

TIPS 「マーカー」パネルを表示する

シーケンスを選んでパネルの「マーカー」を選択すると、シーケンスに設定してある**マーカーを一覧表示**できます。マーカーの名前やコメントは、ここでも入力できます。

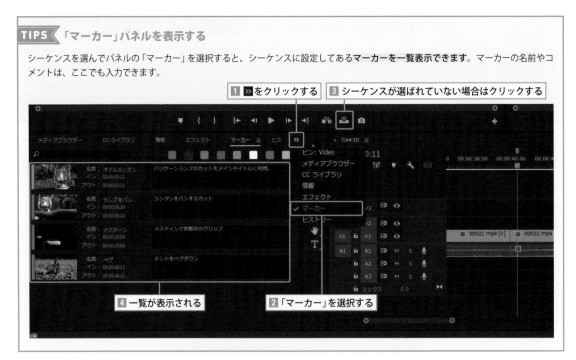

SECTION

4.12 マーカーを移動／消去する

シーケンスやクリップに設定したマーカーは、ドラッグで設定位置を変更したり、不要になったマーカーをコンテクストメニュー（ショートカットメニュー）から消去することができます。

■ マーカーを移動する

シーケンスやクリップに指定したマーカーは、マウスでドラッグして設定位置を変更できます。

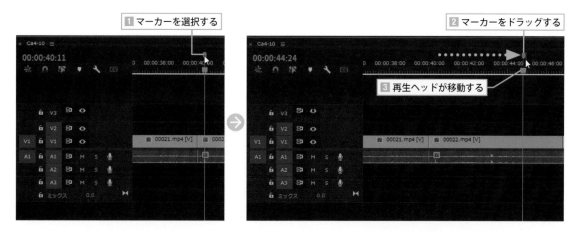

1 マーカーを選択する

2 マーカーをドラッグする

3 再生ヘッドが移動する

■ マーカーを消去する

不要になったマーカーは、マーカーを右クリックして表示されたコンテクストメニュー（ショートカットメニュー）からコマンドを選択し、消去できます。

・選択したマーカーを消去：マウスで選択したマーカーのみ消去する
・すべてのマーカーを消去：シーケンスに設定したすべてのマーカー、対象クリップに設定されているすべてのマーカーを消去する

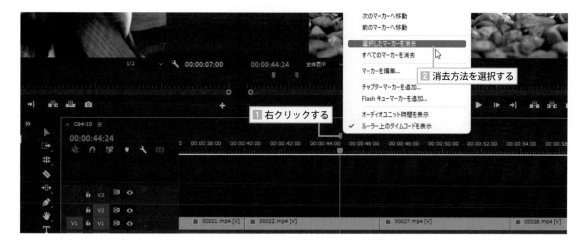

次のマーカーへ移動
前のマーカーへ移動

選択したマーカーを消去
すべてのマーカーを消去

マーカーを編集...

チャプターマーカーを追加...
Flash キューマーカーを追加...

オーディオユニット時間を表示
✓ ルーラー上のタイムコードを表示

1 右クリックする

2 消去方法を選択する

SECTION
4.13 重複フレームマーカーを利用する

1つのシーケンス内で同じクリップを2回以上利用すると、重複して利用していることを示すマーカーがクリップに表示されます。

■ 重複フレームマーカーを表示する

　1つのシーケンス内に同じクリップを意図せず複数回配置してしまうと、発見が困難な場合があります。そのようなときに「**重複フレームマーカーを表示**」を有効にしておくと、重複して配置したクリップを見つけやすくなります。

▶ 重複フレームマーカーを有効にする

　シーケンスのタイムライン表示設定メニューを表示して「重複フレームマーカーを表示」を有効にすると、重複フレームマーカーが表示されるようになります。

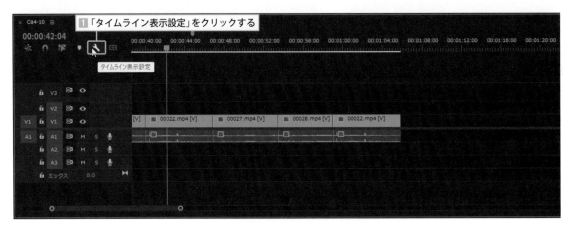

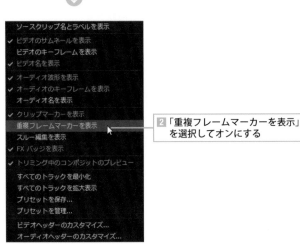

▶ 重複フレームマーカーを表示する

「プロジェクト」パネルからクリップをトラックに配置するか、トラックに配置したクリップをコピーして複数配置してみましょう。重複フレームマーカーが表示されます。重複フレームマーカーは、同じクリップには同じ色のフレームマーカーが表示されます。

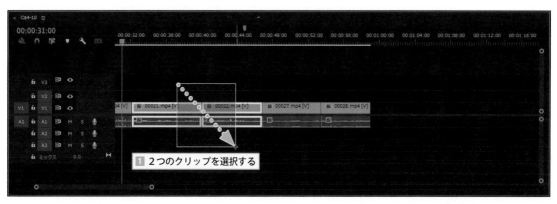

① 2つのクリップを選択する

② Alt キーを押しながらドラッグする※

※Mac： option キー

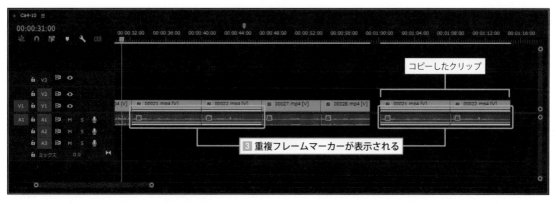

コピーしたクリップ

③ 重複フレームマーカーが表示される

SECTION 4.14 編集に便利なショートカットキーとキーの登録

トリミングなどの編集を行う際、知っていると便利なショートカットキーがいくつかあります。本文の中でもその都度紹介していますが、ここでは、編集用の主なショートカットキーを紹介します。

■ 編集作業で利用したいショートカットキー

Premiere Proでのビデオ編集では基本的にマウスを利用して作業を行いますが、キーボードによるショートカットキーを利用すると、さらにスピーディに作業することができます。

再生に利用すると便利なショートカットキー

ショートカットキー	機能
J	逆再生
K	停止
L	再生

クリップの操作に便利なショートカットキー

ショートカットキー	機能
. （ピリオド）	上書き
, （カンマ）	インサート
; （セミコロン）	リフト
: （コロン）	抽出
^ （ハット記号）	ズームイン
- （マイナス記号）	ズームアウト
Ctrl + Z	取り消し
Shift + Ctrl + Z	やり直し

■ 編集点にジャンプする

再生ヘッドをクリップの接合点にスピーディに移動させる場合には、↑キーや↓キーを押すと自動的にジャンプします。

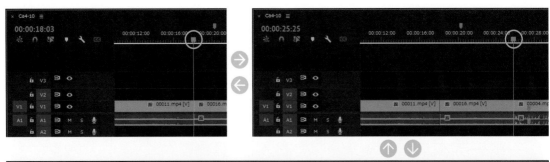

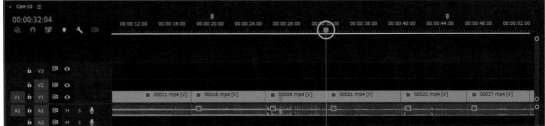

■ シーケンスのズーム操作のショートカットキー

シーケンスでのズーム操作については、ズームハンドルを利用した操作（81ページ参照）で解説しました。ここでは、そのショートカットキー版を紹介します。トリミング作業ではズーム操作を頻繁に行うので、覚えておくとよいでしょう。

▶ シーケンスに合わせてズーム操作

トリミング中、プロジェクト全体のクリップの配置状態を確認したい場合は、¥キー（Win、Mac）を押してください。現在の状態と全体を表示した状態を交互に切り替えられます。

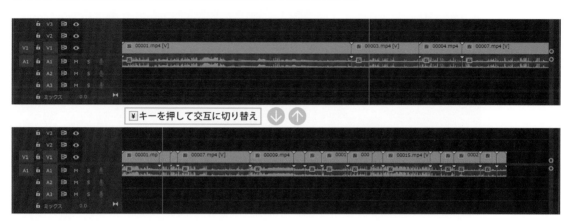

▶ ズームイン＆ズームアウト

シーケンスのズームイン、ズームアウトもショートカットキーで操作できます。ズームインは:キー、ズームアウトは-キーに割り当てられています。

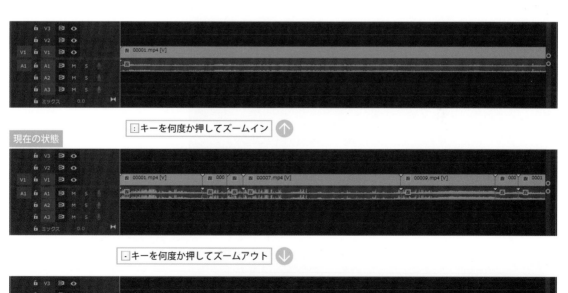

■ ショートカットの登録

お気に入りのショートカットキーは、キーの割り当てを自分用に使いやすいようにカスタマイズできます。操作は、メニューバーから「編集」→「**キーボードショートカット...**」（Mac は「Premiere Pro」メニュー）を選択して、「キーボードショートカット」パネルを表示して行います。

たとえば、「ズームアウト」は `-` キーに割り当てられていますが、`Alt` ＋ `E` キーに割り当てるには、次のように操作します。

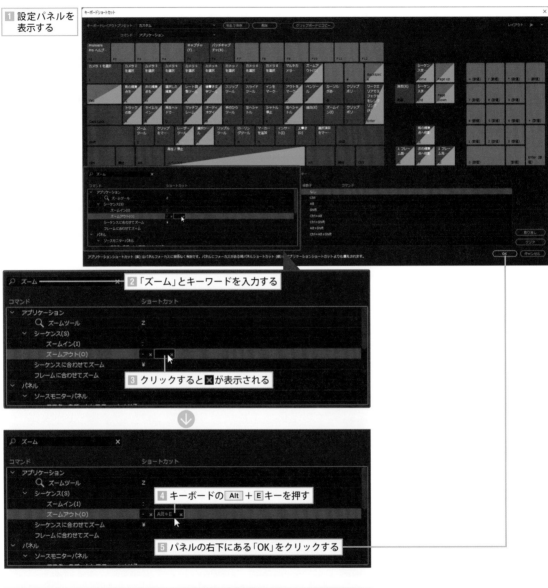

1 設定パネルを表示する

2 「ズーム」とキーワードを入力する

3 クリックすると ✕ が表示される

4 キーボードの `Alt` ＋ `E` キーを押す

5 パネルの右下にある「OK」をクリックする

登録を削除する場合は、✕ をクリックする

マルチカメラ編集を
利用する

SECTION

5.1 イントロムービーって何だろう？

「イントロムービー」や「オープニングムービー」と呼ばれる動画を作ってみましょう。作り方はいろいろありますが、この CHAPTERでは、「マルチカメラ編集」を利用する方法を解説します。

■ ムービーのダイジェスト？

　作成したムービーを再生するとき、最初に数秒でそのムービーの内容を紹介する、いわばムービーのダイジェスト版が「**イントロムービー**」や「**オープニングムービー**」と呼ばれるものです。

1 イントロムービーを最初に再生

2 本編の再生を開始

Solo Camping

※メインタイトルなどテロップの作成は、「CHAPTER 9 テロップを編集する」（257ページ）を参照。

SECTION 5.2 マルチカメラ編集を スイッチャーとして利用する

「マルチカメラ編集」を利用するには、独特の手順が必要です。ここでは、その手順をザックリと解説します。詳細な手順については、この後のSECTIONを参照してください。

■ マルチカメラ編集のワークフロー

マルチカメラでは複数のクリップを同時にモニターに表示して再生を実行し、再生しながら表示したいクリップをクリックします。再生が進んだら、次に表示したいクリップをクリックします。このように、表示したいクリップをスイッチャー的な操作で選ぶ編集方法です。

本来マルチカメラ編集とは、1つの被写体を複数のカメラを利用して同時に撮影した動画を編集するための機能ですが、本書では、1台のカメラで撮影した異なる被写体のビデオクリップを編集する方法で、マルチカメラ編集の利用方法を解説します。

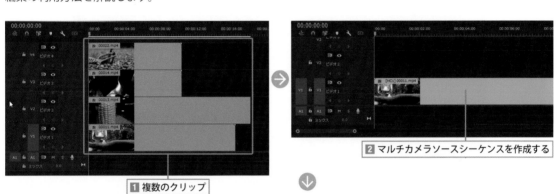

1 複数のクリップ

2 マルチカメラソースシーケンスを作成する

4 「マルチカメラ」モニターを表示する

7 選択したカットが表示される

5 「再生」を実行する

6 利用したいカットをクリックする

3 マルチカメラを有効にする

8 複数クリップで構成された1本の動画が作成される

SECTION 5.3 マルチカメラ編集の準備をする

「マルチカメラ編集」を行うには、マルチカメラモニターとマルチカメラ編集用のシーケンスが必要になります。
ここでは、それぞれの準備について解説します。

■「マルチカメラ」モニター切り替えボタンを設定する

　マルチカメラ編集では、通常の「プログラム」モニターを「マルチカメラ」モニターに切り替えて編集作業を行います。切り替えはコマンドで行いますが作業が煩雑なので、スピーディなマルチカメラ編集には切り替えボタンの登録がおすすめです。ボタンは、「ボタンエディター」を利用して設定します。

2 マルチカメラの切り替えボタンをドラッグ&ドロップする

1 「ボタンエディター」をクリックする

4 クリックする

3 ボタンが登録される

TIPS　ボタンを削除する

不要になったボタンを削除したい場合は、不要なボタンを枠外にドラッグ&ドロップします。すべてのボタンを削除したい場合は「レイアウトをリセット」をクリックします。

クリックする　　　ドラッグ&ドロップする

■「マルチカメラソースシーケンス」を作成する

マルチカメラでは、複数のクリップを同時にモニターに表示して、そこから表示させたいクリップを選択し、次に切り替えたいクリップをクリックします。そのようなスイッチャー的な操作で表示するクリップを選ぶには、マルチカメラ編集専用の「**マルチカメラソースシーケンス**」を作成する必要があります。

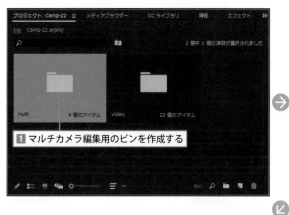

1 マルチカメラ編集用のビンを作成する

2 ビンに動画素材を読み込み、複数選択する

4 「マルチカメラソースシーケンスを作成...」をクリックする

3 動画素材上で右クリックする

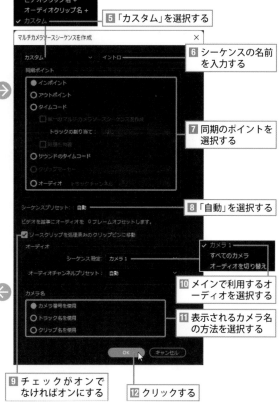

5 「カスタム」を選択する

6 シーケンスの名前を入力する

7 同期のポイントを選択する

8 「自動」を選択する

10 メインで利用するオーディオを選択する

11 表示されるカメラ名の方法を選択する

9 チェックがオンでなければオンにする

12 クリックする

13 シーケンスが作成される

CHAPTER 5

▶ 同期のポイントについて

「**同期ポイント**」では、複数のクリップを利用する際に何を基準に同期させるかを決めます。通常は「インポイント」を選択し、タイムコードの「00:00:00:00」を同期ポイントとします。

また、複数カメラで同時に撮影を開始した場合、手を叩くなど音で同期をとりたい場合は、「オーディオ」を選択します。オーディオでの同期は、なかなか精度が高いです。なお、オーディオで同期させる場合、トラックチャンネルの選択ができます。

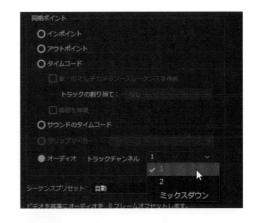

▶ オーディオについて

マルチチャンネルでは、複数のクリップ映像が切り替わりで表示されます。この場合、メインとなる音声のクリップを選択できます。デフォルトでは、「カメラ1」となるクリップが選択されていますが、クリップごとに音声部分のカメラを切り替えて利用することもできます。

TIPS 「ソース」モニターでトリミング

マルチカメラ編集で利用する動画データは、可能であれば「ソース」モニターで必要な部分をトリミングによってピックアップしておくとよいでしょう（65ページ参照）。その際、デュレーションも他の素材動画に合わせておくことをおすすめします。

イン点、アウト点を設定してトリミング

POINT

マルチカムソースシーケンスを作成すると、選択したクリップは「処理済みのクリップ」というビンに移動保存されます。

SECTION
5.4

マルチカメラ編集を行う 【ベーシック編】

マルチカメラソースシーケンスと「マルチカメラ」モニターを利用して、マルチカメラ編集を実行してみましょう。ここでは基本的なマルチカメラ編集の操作方法を解説します。

■ マルチカメラ編集の操作手順

　マルチカメラ用のシーケンスを作成したら、「タイムライン」パネルに配置して、新しいシーケンスにネスト（入れ子）します。これでもう1つの新しいシーケンスができるので、マルチカメラ用のモニターを利用してマルチカメラ編集を行います。

▶ マルチカメラソースシーケンスをトラックに配置する

　マルチカメラシーケンスを「シーケンス」パネルのトラックに配置して、新しいシーケンスを作成します。

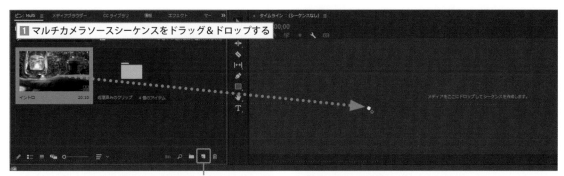

「プロジェクト」パネルの右下にある「新規項目」ボタンにドラッグ＆ドロップしてもかまいません

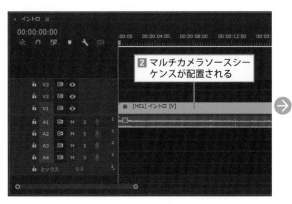

123

▶「マルチカメラ」モニターで編集を行う

シーケンスの準備ができたら、**マルチカメラモード**に切り替えて**マルチカメラモニター**で編集を行います。
編集は、カメラを切り替えて行います。

12「マルチカメラ表示を切り替え」ボタンをクリックしてオフにし、通常のモニターに戻す

SECTION 5.5 手動でマルチカメラ編集 ──マルチカメラソースシーケンスを作成する

マルチカメラ編集で利用するマルチカメラソースシーケンスは、手動でも作成できます。ここでは、BGMを利用してマルチカメラ編集を行うためのマルチカメラソースシーケンスの作成方法について解説します。

■ ネストを利用して作成する

マルチカメラソースシーケンスは、複数のトラックにクリップを配置して作成します。

1 トラックにクリップを配置する

ビデオトラックにクリップを配置します。オーディオ部分はこのあとで削除しますが、ビデオ部分だけを配置する方法もあります。ここでは、「ソース」モニターから「**ビデオのみドラッグ**」でビデオ部分だけをトラックに配置します。

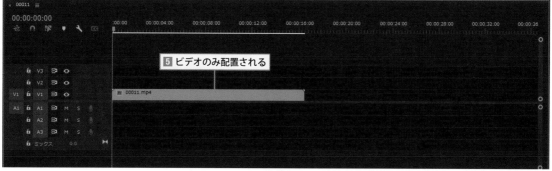

※シーケンスのサムネールは、上のルートに作成されています（23ページ参照）。

6 「V2」トラックに同様の方法で別のクリップを配置する

7 トラックのない部分にドラッグ＆ドロップする

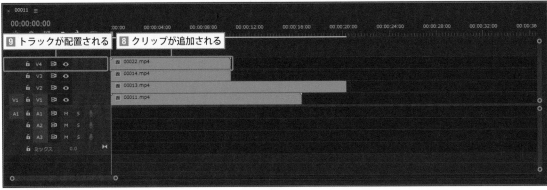

9 トラックが配置される　8 クリップが追加される

作成されたシーケンス　　マルチカメラ編集用のビン

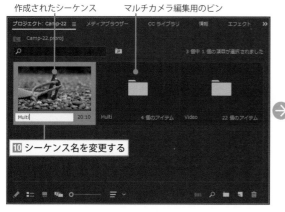

10 シーケンス名を変更する

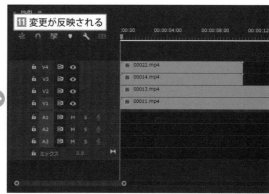

11 変更が反映される

TIPS オーディオデータを削除する

「プロジェクト」パネルから通常の方法でシーケンスにクリップを配置した場合、オーディオデータも一緒に追加されます。オーディオ部分を利用するのであれば問題ありませんが、そうでない場合は、オーディオデータ部分のみ削除します。

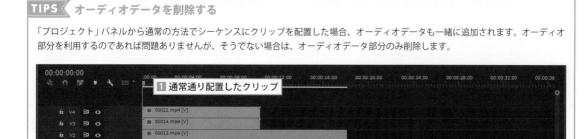

1 通常通り配置したクリップ

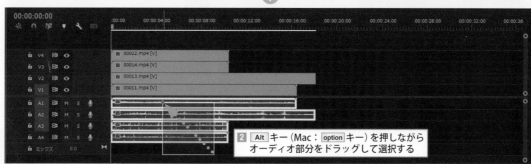

2 Alt キー（Mac：option キー）を押しながらオーディオ部分をドラッグして選択する

3 Delete キーで削除する

2 トラックのクリップをネストする

トラックに配置したクリップをすべて選択し、これを「**ネスト**」します。これによって、複数のクリップが1つのクリップにまとめられます。

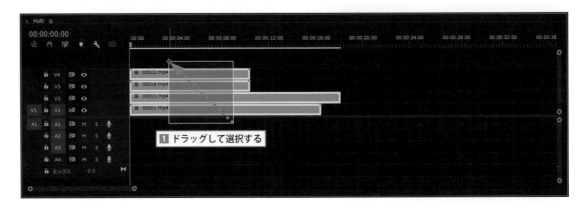

3 マルチカメラを有効にする

複数のクリップをネスト化したクリップは、マルチカメラ機能を有効にすることでマルチカメラソースシーケンスとして利用できます。

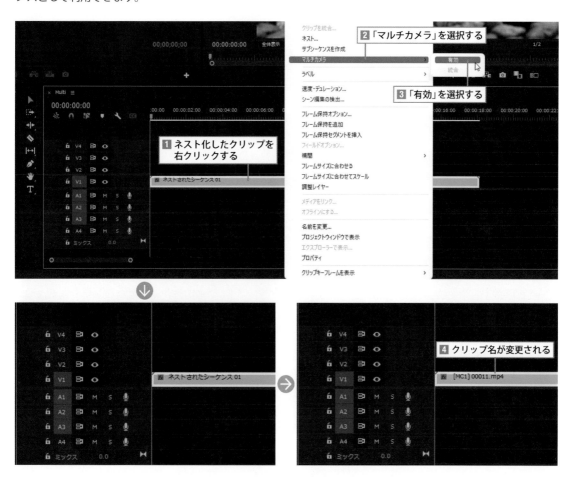

■ マルチカメラソースシーケンスにクリップを追加する

マルチカメラソースシーケンスに登録したクリップは、新たに追加したり削除したりできます。ここでは、マルチカメラソースシーケンスにビデオクリップを追加する方法を解説します。121ページで作成したマルチカメラソースシーケンスを利用して操作します。

1 クリップを追加するマルチカメラソースシーケンスを表示する

2 「ネストされたシーケンス」をダブルクリックする

3 ネストされたシーケンスが表示される

6 表示される

4 ビンに動画素材を追加する

5 追加したいクリップをダブルクリックする

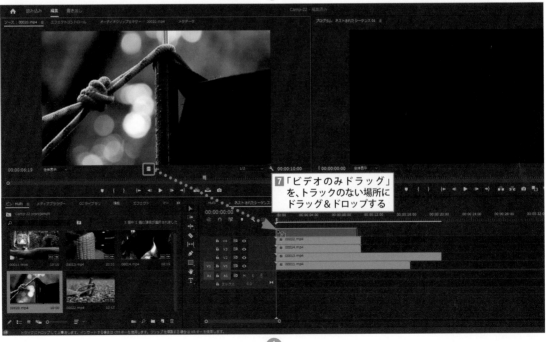

7 「ビデオのみドラッグ」を、トラックのない場所にドラッグ＆ドロップする

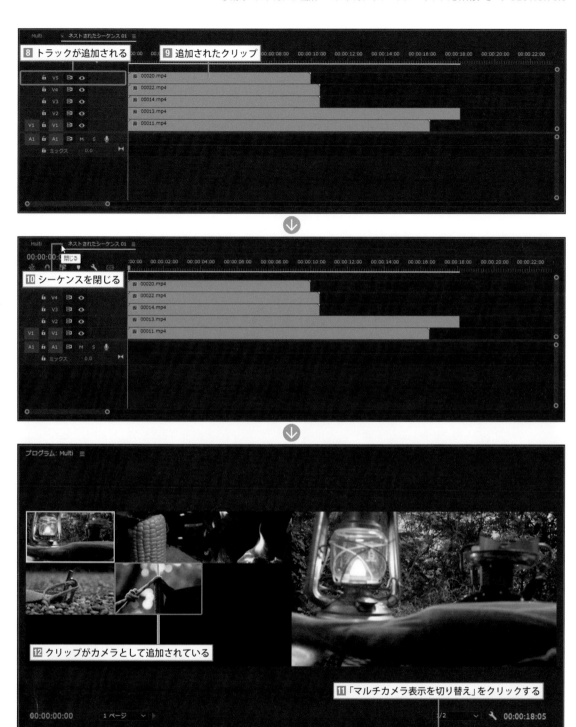

8 トラックが追加される　9 追加されたクリップ

10 シーケンスを閉じる

プログラム: Multi ≡

12 クリップがカメラとして追加されている

11「マルチカメラ表示を切り替え」をクリックする

POINT

「マルチカメラ表示を切り替え」ボタンは、47ページで解説した
ボタンエディターを利用し、120ページで追加しています。

CHAPTER 5

SECTION 5.6 手動でマルチカメラ編集
―BGMとのタイミングを合わせて編集する

BGMのタイミングなどに合わせて、表示されるカメラを切り替える操作を行ってみましょう。通常は再生をしながらカメラを切り替えますが、ここでは、手動で切り替えタイミングを設定する方法を解説します。

■ 編集の準備をする

　マルチカメラ編集では、マルチカメラソースシーケンスを再生しながら「マルチメディア」パネルで利用したいシーンを選択することで、自動的にシーン切り替えのタイミングが編集できます。しかし、シーンの切り替えを手動で行うことで、より自分の目的に合ったシーン切り替えのタイミングを設定できます。最初に、編集のための準備を行います。

1 マルチカメラソースシーケンスを作成する

121ページの方法でマルチカメラ編集したいマルチカメラソースシーケンスを作成します。

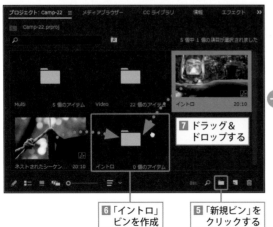

> **POINT**
> 各シーケンスがルートに作成されている場合もあるので、必要に応じて利用編集しやすいビンにシーケンスを移動して作業を行ってもかまいません。移動は、ドラッグ＆ドロップで行います。

2 BGMを配置する

映像だけでマルチカメラソースシーケンスを作成してシーケンスを表示し、そのシーケンスのオーディオトラックにBGMを配置します。ここでは、38ページで読み込んだBGMデータを利用しますが、新たにマルチカメラソースシーケンスと同じビンに読み込んでもかまいません。

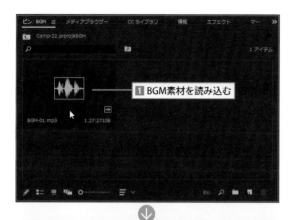

1 BGM素材を読み込む

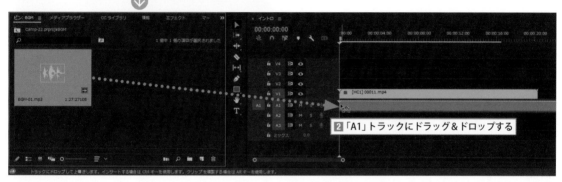

2 「A1」トラックにドラッグ&ドロップする

3 BGMをトリミングする

BGMデータをトリミングします。必要な演奏シーンだけを残すようにトリミングします。

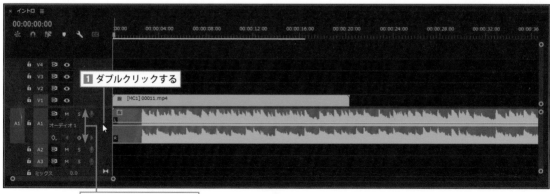

1 ダブルクリックする

2 トラックの高さが変わる

CHAPTER 5

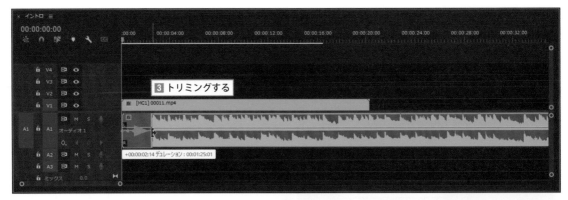

3 トリミングする

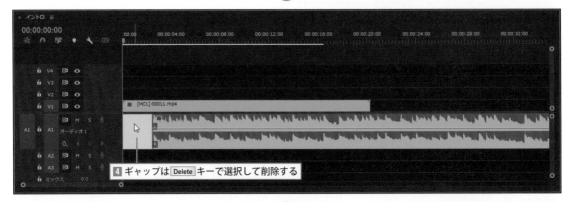

4 ギャップは Delete キーで選択して削除する

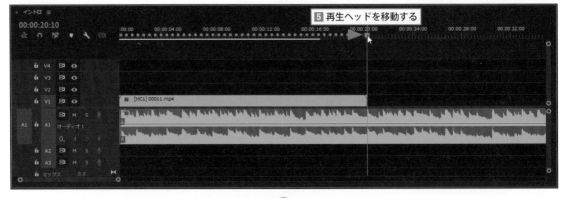

5 再生ヘッドを移動する

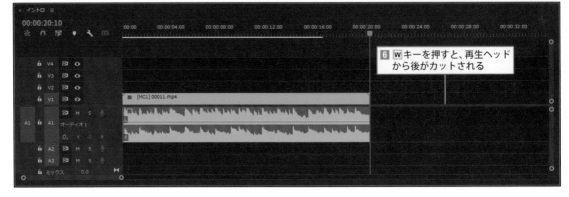

6 w キーを押すと、再生ヘッド
から後がカットされる

■ 編集を行う

　たとえば、BGMのメロディや楽器演奏のタイミングでシーンを切り替えることで、タイミングよくシーンの切り替わる動画が作成できます。

　ここではBGM演奏のタイミングに合わせて、切り替えを行ってみましょう。

1 マルチカメラを有効にする

　マルチカメラソースシーケンスでマルチカメラ編集を有効にします。

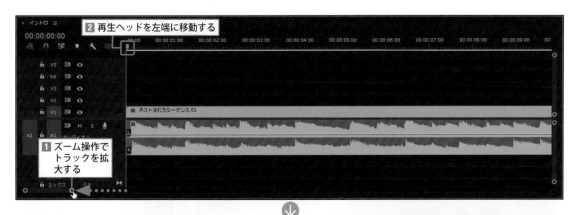

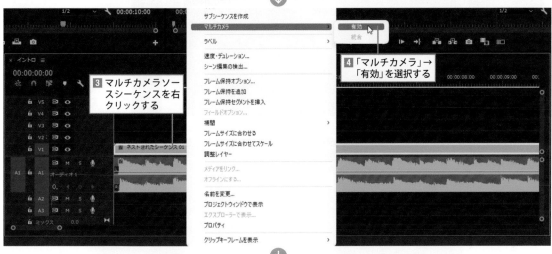

2 切り替え位置を設定する

切り替え設定の準備ができたので、切り替えの位置を手動で設定してみましょう。

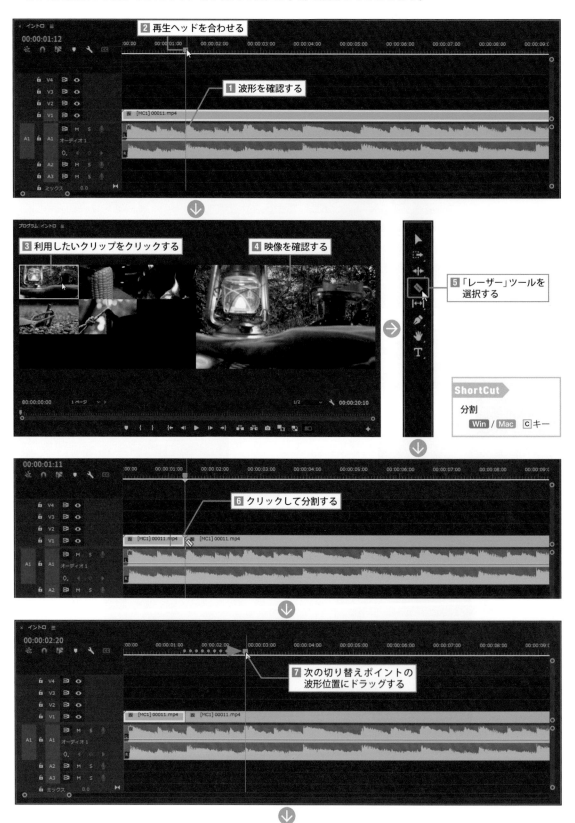

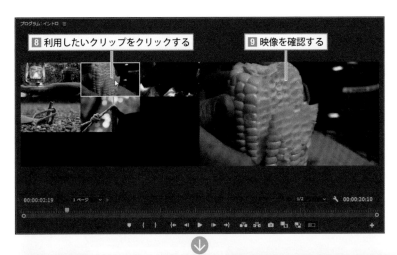

8 利用したいクリップをクリックする

9 映像を確認する

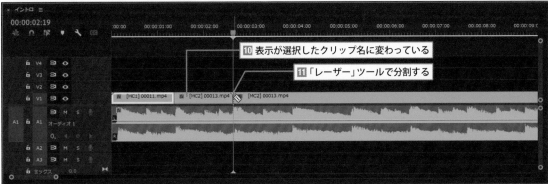

10 表示が選択したクリップ名に変わっている

11 「レーザー」ツールで分割する

12 分割されたクリップ

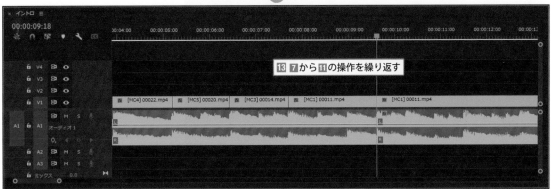

13 7 から 11 の操作を繰り返す

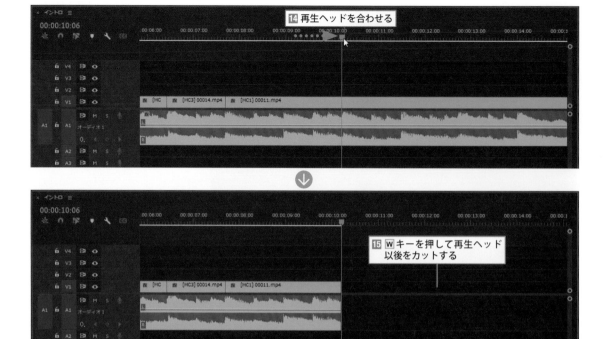

▶ 分割したビデオクリップ

操作の **3**、**8** でクリップを選択すると、選択したクリップがシーケンスのクリップでアクティブになり、結果として各クリップが適用されます。

選択したクリップが適用されている

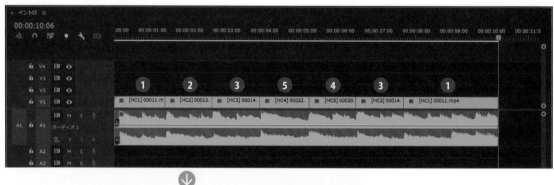

▶再生する

マルチ編集を終了したマルチカメラソースシーケンスを再生すると、音声のタイミングと分割位置が一致し、映像が切り替わります。

1 クリックしてマルチカメラから切り替える

2 「再生」をクリックする

3 分割点で切り替わる

TIPS 分割ポイントを修正する

分割ポイントを修正したい場合は、「ローリング」ツール（95ページ参照）を利用して修正します。

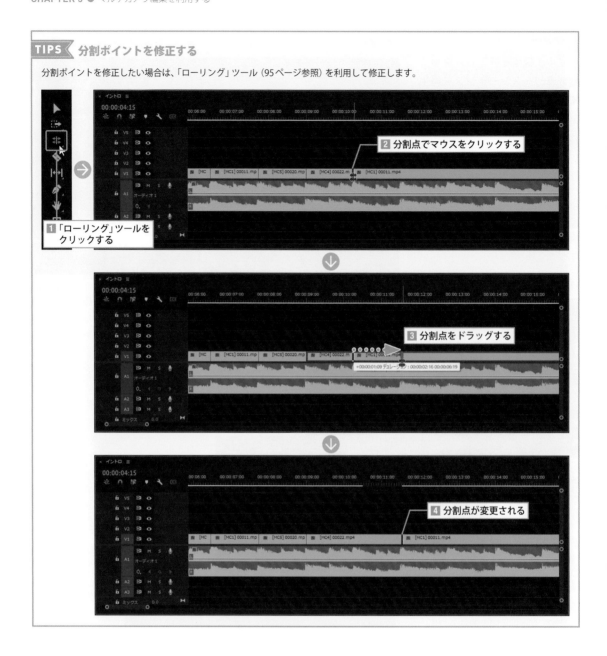

SECTION 5.7 短いクリップを利用する場合

手動でのマルチ編集の途中、利用したいクリップのデュレーションが短いと、「マルチメディア」パネルに表示されなくなります。このような場合、クリップの配置位置を修正します。

■ ネストされたシーケンスを調整する

通常、マルチカメラソースシーケンスでは、シーケンスのタイムコード「00:00:00:00」に各クリップの先頭を合わせてトラックに配置しています。そのため、短いデュレーションのクリップが混在していると、利用したいときにクリップがないという状態になりかねません。

1 編集を始めたばかりのシーケンス

2 クリップがすべて表示されて選択可能

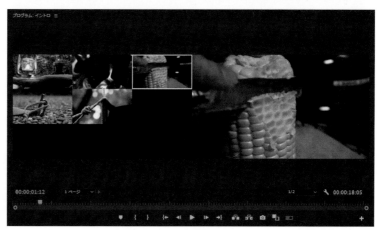

3 このときのネストしたシーケンスの状態

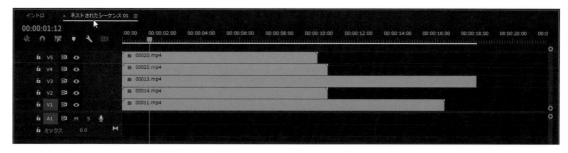

141

4 編集が進むと

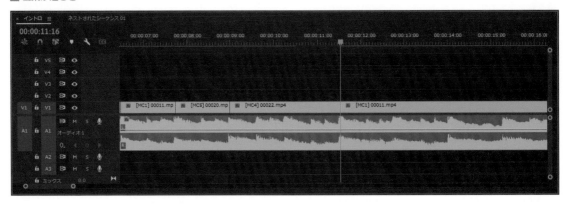

5 表示・選択できるクリップの数が減る

6 このときのネストしたシーケンスの状態

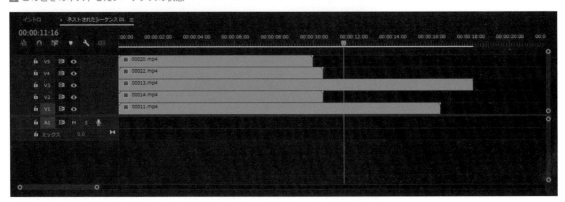

▶ クリップを繰り返し配置する

短いクリップを利用する場合、同じクリップを繰り返し配置することで切り替えに利用することができるようになります。

1「ネストされたシーケンス」をダブルクリックする

2 シーケンスが表示される

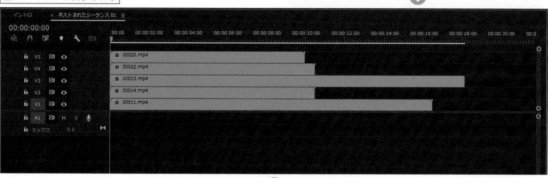

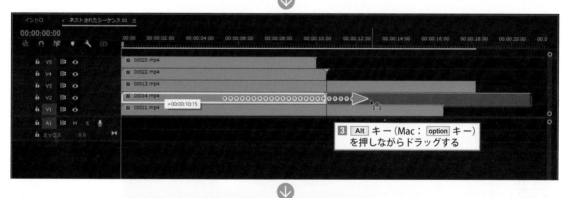

3 Alt キー（Mac: option キー）を押しながらドラッグする

5 重複フレームマーカーが表示される

4 クリップがコピーされる

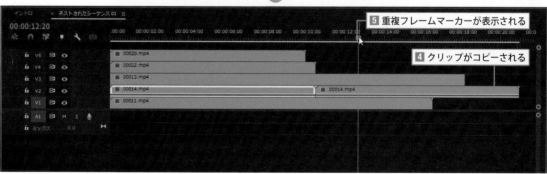

CHAPTER 5

143

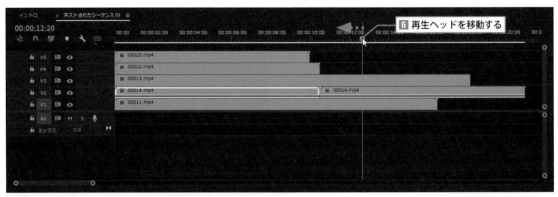

7 マルチカメラソースシーケンスに切り替える

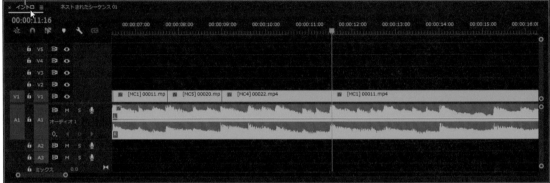

▶ クリップの配置位置を変更する

特定のクリップを利用するタイミングが決まっている場合は、そのタイミングでクリップが表示されるように配置位置を変更します。

1 変更前のネストされたシーケンス

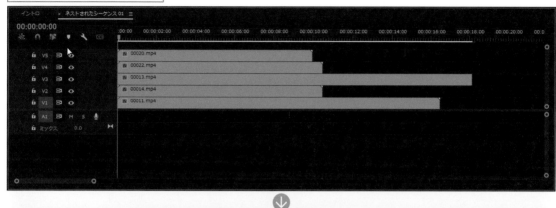

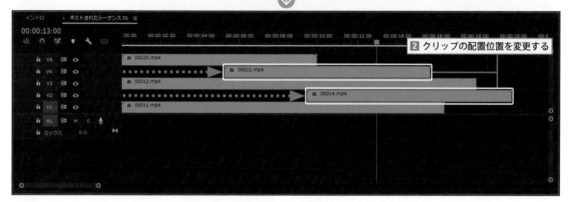

配置変更前の「マルチカメラ」パネル

SECTION 5.8 マルチカメラソースシーケンスを別のシーケンスに追加・配置する

メインで編集しているシーケンスにマルチカメラソースシーケンスを追加すると、1つのクリップとして使用できるようになります。

■ 編集中のシーケンスに配置する

メインの動画として編集しているシーケンスに、マルチメディアカム編集で編集したイントロ動画用のシーケンスをクリップとして追加、配置します。これによって、ムービーの最初にイントロ動画を追加できます。

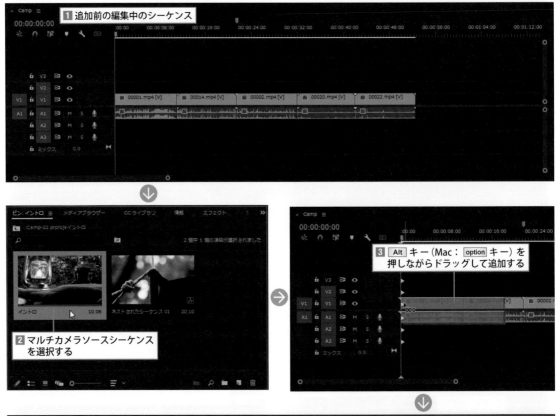

1 追加前の編集中のシーケンス

2 マルチカメラソースシーケンスを選択する

3 Alt キー（Mac： option キー）を押しながらドラッグして追加する

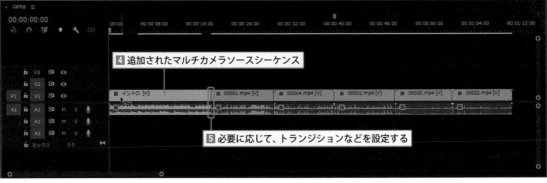

4 追加されたマルチカメラソースシーケンス

5 必要に応じて、トランジションなどを設定する

トランジションで演出する

SECTION

6.1　トランジションって何だろう？

「トランジション」は、シーケンスに配置したクリップを再生した際に、クリップが切り替わる場面転換に利用する効果のことを指します。最初に、トランジションの効果と役割について確認しましょう。

■ トランジションの効果

　「**トランジション**」は、クリップとクリップが接合する「接合点」に設定するエフェクトです。クリップとクリップの接合点、つまり場面転換位置に設定することで、唐突な場面転換をスムーズな場面転換に切り替えることができます。

トランジションのない場面転換	トランジションを利用した場面転換（Page Peel）

■ トランジションの役割

トランジションには、スムーズな場面転換を演出するほか、次のような役割を持たせることができます。

- ・時間の経過を演出する
- ・場所の移動や状況の変化を演出する

　たとえば、前のクリップが午前中で後のクリップが午後というような場面転換では、視聴者に時間の経過を感じさせる演出ができます。

　また、前のクリップと後のクリップで場所が変わっていれば、場所を移動したという効果を演出したり、状況の変化を演出してストーリーの流れを変えたりできます。

CHAPTER 6

SECTION 6.2 トランジションはトリミングとの合成？

トランジションは、トリミングによってできた予備フレームを利用して合成することでエフェクトを演出しています。その仕組みを見てみましょう。

■ 予備のフレームとの合成

　トランジションは、トリミングを行ったクリップとクリップが接続している「接合点」に設定します。このとき、トランジションの効果は、トリミングされていないクリップとトリミングによって隠れている「**予備のフレーム**」との合成によって成立しています。

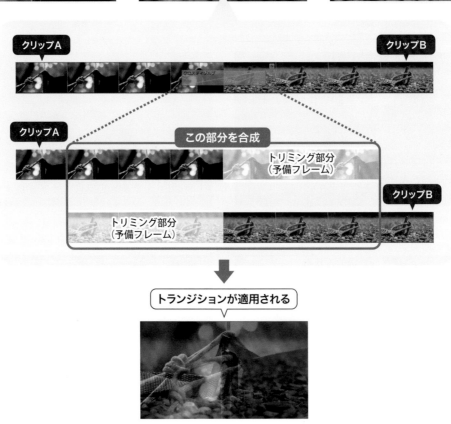

SECTION

6.3

トランジションを設定する

ここでは、トラックに配置したクリップにトランジションを設定してみます。トランジションは、「エフェクト」パネルの「ビデオトランジション」から選択して設定します。

■ 接合点に設定する

トランジションの設定は、「エフェクト」パネルで利用したいトランジションを選択し、クリップとクリップの接合部分にドラッグ＆ドロップする操作が基本になります。この接合部分を「接合点」といいます。

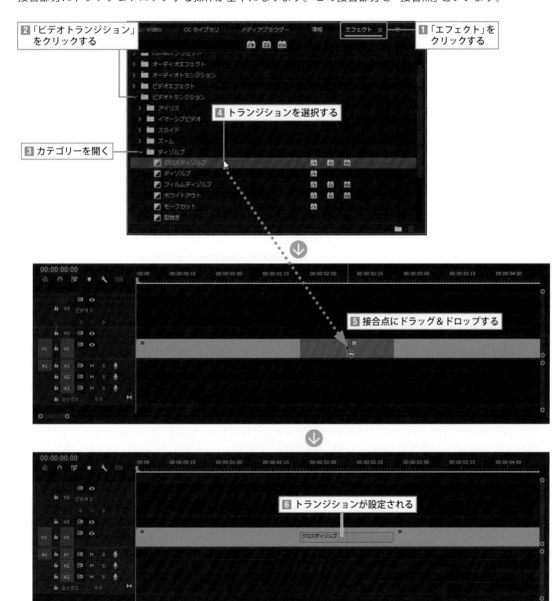

2 「ビデオトランジション」をクリックする

1 「エフェクト」をクリックする

4 トランジションを選択する

3 カテゴリーを開く

5 接合点にドラッグ＆ドロップする

6 トランジションが設定される

■「エフェクト」ワークスペースに切り替える

トランジションは、「編集」ワークスペースでは、画面左下の「エフェクト」パネルに登録されています。これを、ワークスペースの「エフェクト」を利用すると、右側に「エフェクト」パネルを表示し、設定できるようになります。なお、パネルの構成内容は同じです。

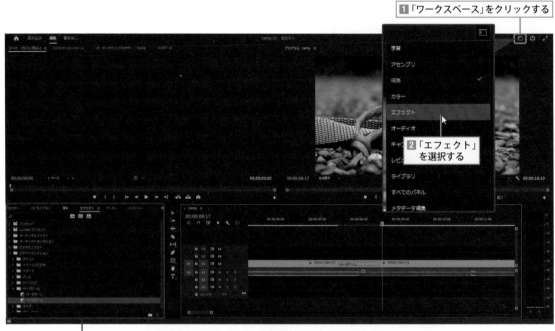

「編集」ワークスペースの「エフェクト」パネル

「エフェクト」ワークスペースの「エフェクト」パネル

TIPS トランジションを事前にプレビューしたい

残念ながら、選択したトランジションがどのような効果なのか事前にプレビューする方法はありません。設定して確認することで、効果を覚える必要があります。

TIPS エフェクトの処理方法について

「エフェクト」パネルには、検索フィールドの右に3つのバッジが表示されています。これは、エフェクトの処理方法を選択するボタンです。3つのバッジで、次のような機能を選択できます。

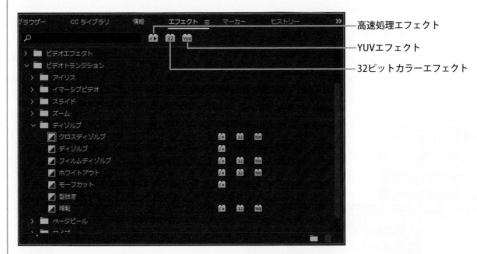

── 高速処理エフェクト
── YUVエフェクト
── 32ビットカラーエフェクト

高速処理エフェクト
グラフィックカードのGPUがGPUハードウェアアクセラレーション（CPUに代わってGPUが画像処理を行う機能）に対応している場合、高速なレンダリング処理（映像に加えたエフェクトを1つの動画ファイルとして統合すること）が可能です。

32ビットカラーエフェクト
32ビット/チャンネル（bpc）ピクセルでのレンダリングを実行します。これによって、標準8bpcピクセルでのエフェクトよりも、高いカラー解像度となめらかなカラーグラデーションを表現できます。

YUVエフェクト
RGBではなく、YUV（輝度と輝度との色差）によってエフェクト処理を行います。RGBより効率的に処理が実行できます。

■バッジがフィルター機能を持っている
また、バッジをクリックすると、そのバッジが利用できるエフェクトだけが表示されるフィルターとして機能します。

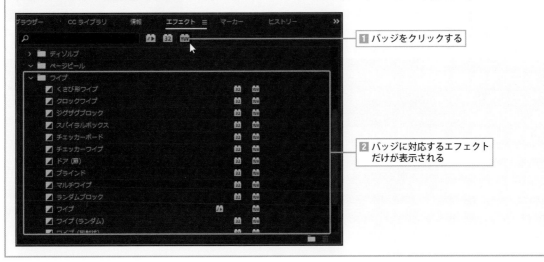

1 バッジをクリックする

2 バッジに対応するエフェクト
  だけが表示される

CHAPTER 6

SECTION 6.4 クリップをトリミングしていない場合

トランジションは、トリミングによって隠れている予備フレームを合成することで効果を実現しています。それでは、トリミングしていないクリップにトランジションを設定するとどうなるのでしょうか？

■ 両方のクリップをトリミングしていない

　トランジションの設定には、対象クリップへのトリミングが必要ですが、トリミングしていないクリップに設定することも可能です。たとえば前後両方のクリップをトリミングしていない場合の操作は、以下のようになります。

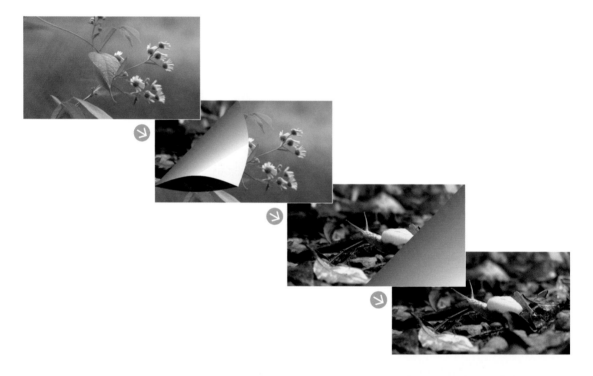

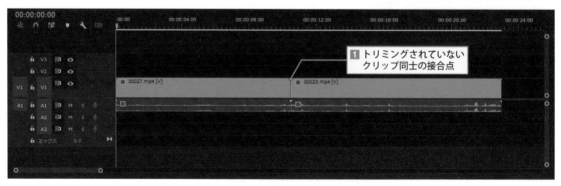

1 トリミングされていない
クリップ同士の接合点

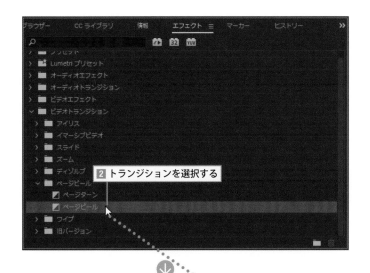

2 トランジションを選択する

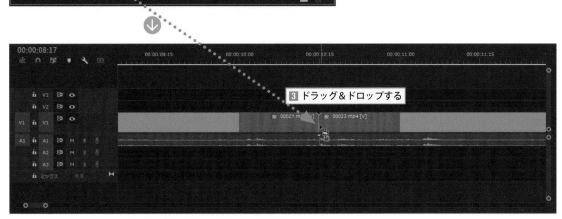

3 ドラッグ＆ドロップする

4 「OK」をクリックする

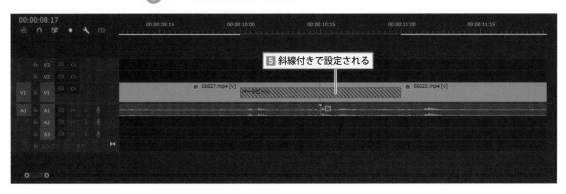

5 斜線付きで設定される

▶ **メッセージの意味**

トリミングしていないクリップ同士にトランジションを設定した場合、図のように終端と先端の1個のフレームを繰り返しコピーすることで予備フレームを生成し、この予備フレームを利用して合成を行います。**「不足分は端のフレームを繰り返して対応します」**というメッセージは、これを意味しています。

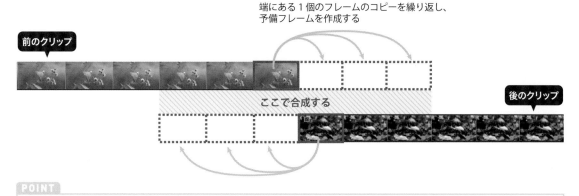

端にある1個のフレームのコピーを繰り返し、
予備フレームを作成する

前のクリップ

ここで合成する

後のクリップ

POINT

「端のフレーム」は、いわば1枚の写真です。これを繰り返し利用するということは、この部分に動きがありません。そのため、トランジションを実行する際に一瞬止まって見えることなどもあります。可能であれば、トランジションの適用にはクリップのトリミングをおすすめします。

■ 片方のクリップだけトリミングしてある

接合したクリップのうち片方だけトリミングしてある場合、トランジションを設定するとトリミングしていないクリップに設定されます。

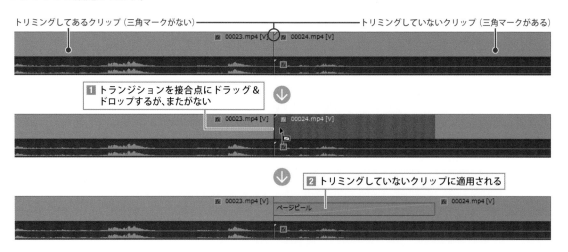

トリミングしてあるクリップ（三角マークがない）━━━━━━━━━━トリミングしていないクリップ（三角マークがある）

1 トランジションを接合点にドラッグ＆
ドロップするが、またがない

2 トリミングしていないクリップに適用される

この場合トリミングしてある前のクリップの予備フレームが、後のクリップの先端部分と合成されます。トリミングしていない後のクリップは、予備フレームがないので合成されず、前のクリップにはトランジションが適用されないのです。

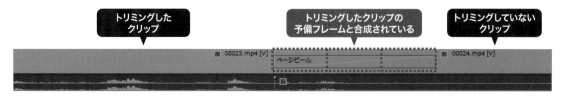

トリミングした
クリップ

トリミングしたクリップの
予備フレームと合成されている

トリミングしていない
クリップ

SECTION 6.5 トランジションを交換する

「トランジションを設定してみたけど、何かイメージと違うので、別のトランジションに変えてみたい…」
そのようなときは、新しいトランジションをドラッグ＆ドロップするだけで交換できます。

■ 別のトランジションに交換する

設定したトランジションを**別のトランジションに交換する**場合は、タイムラインで既存のトランジション設定の上に、新しいトランジションをドラッグ＆ドロップします。

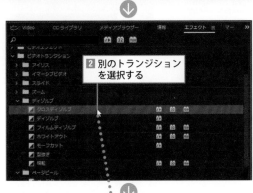

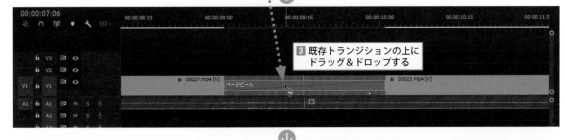

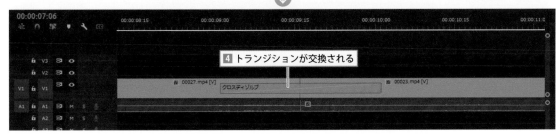

SECTION

6.6　トランジションを削除する

トランジションを設定してみたけど、やっぱり不要だった…」。そのようなときには、設定したトランジションを削除します。削除する方法はいくつかあるので、操作しやすい方法を利用してください。

■ トランジションが不要

　クリップに設定したトランジションを再生してみたが、仕上がりのイメージが異なるので削除したい場合は、設定した**トランジションを削除**してみましょう。

▶「消去」メニューでクリックする

　マウスによる2ステップ操作でトランジションを削除する方法です。

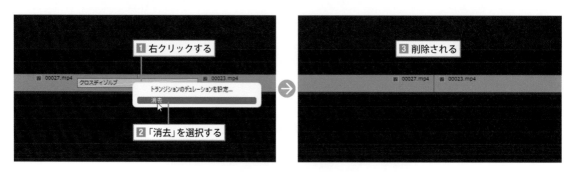

▶ Delete キーで削除する

　マウスとキーボードによる削除方法です。削除したいトランジションをマウスでクリックして選択し、キーボードの Delete キーを押してください。設定したトランジションが削除されます。

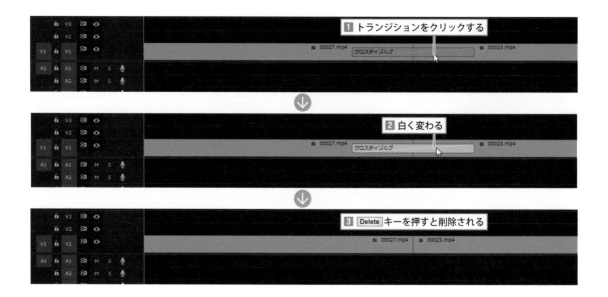

SECTION 6.7 トランジションのデュレーションを変更する

ビデオ編集では、再生時間のことを「デュレーション」といいます。ここでは、トランジションの再生時間、つまりトランジションのデュレーションを変更する方法について解説します。

■ デフォルトは1秒

　トラックに配置したクリップとクリップの接合点にトランジションを設定すると、1秒のデュレーションで設定されます。変更方法は複数ありますが、代表的な方法を解説します。

▶ トリミングで変更する

　最も簡単な方法です。クリップのトリミングの要領で、**トランジションをトリミング**します。

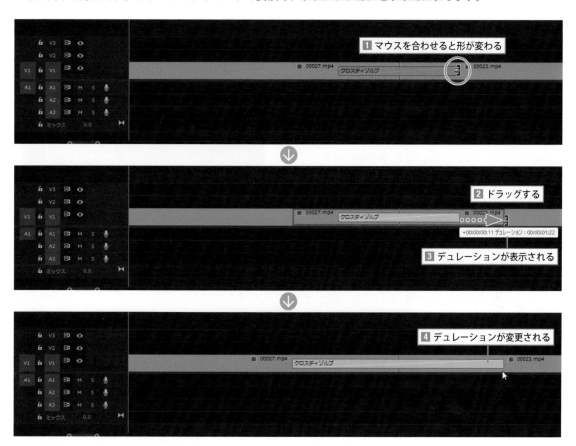

TIPS　予備フレームがマックス

デュレーション調整できる時間は、トリミングされて表示されていない予備フレームの時間が最大です。その時間以上にトランジションをトリミングすることはできません。

CHAPTER 6

▶ デュレーションを指定する

トランジションの**デュレーションを指定して**設定を変更できます。この場合、デュレーション変更用のダイアログボックスを表示して調整します。

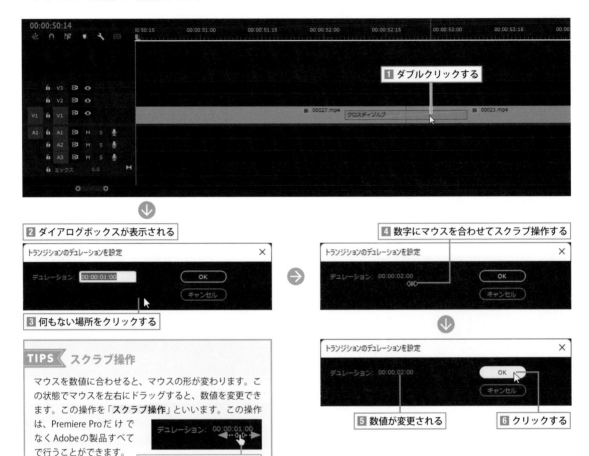

TIPS スクラブ操作

マウスを数値に合わせると、マウスの形が変わります。この状態でマウスを左右にドラッグすると、数値を変更できます。この操作を「**スクラブ操作**」といいます。この操作は、Premiere ProだけでなくAdobeの製品すべてで行うことができます。

デュレーション: 00:00:01:00

マウスを左右にドラッグする

TIPS 「エフェクトコントロール」パネルで変更

トランジションのデュレーションは、「エフェクトコントロール」パネルでも変更できます。この場合、数値による指定やトリミングなど利用しやすい方法で変更できます。

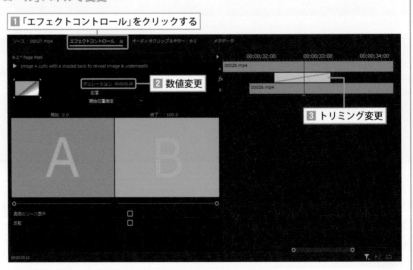

SECTION 6.8 トランジション用の「エフェクトコントロール」パネルについて

「エフェクトコントロール」パネルは、編集の対象がトランジションなのかビデオエフェクトなのかなど、編集対象によってパネルの構成が切り替わります。ここでは、トランジション用のパネル構成を見てみましょう。

■「エフェクトコントロール」パネルを表示する

「エフェクトコントロール」パネルは、カスタマイズしたいトランジションを選択し「エフェクトコントロール」タブをクリックして表示します。

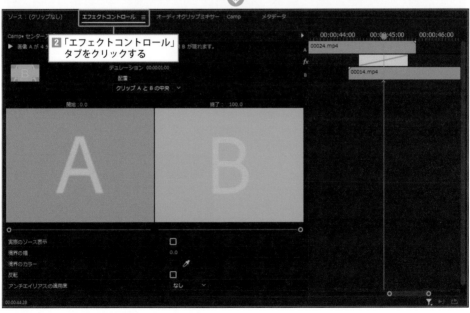

■「エフェクトコントロール」パネルの構成

「エフェクトコントロール」パネルの構成内容は、選択したエフェクトによって異なります。
ここでは、「Wipe」カテゴリーにある「Clock Wipe」というトランジションの設定パネルを表示しています。

オプション領域
トランジションのオプションを調整する

タイムライン
アニメーションなど時間経過を
表示／確認／設定する

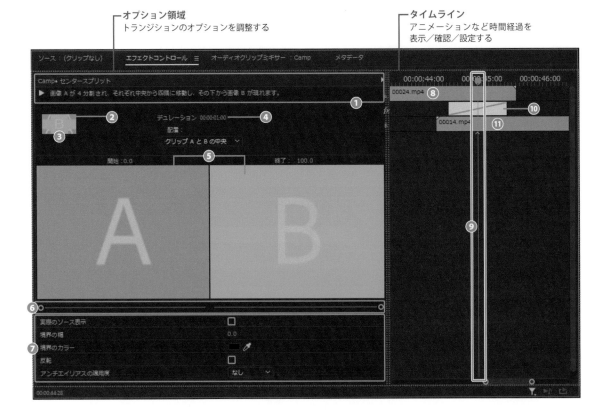

❶ **トランジションを再生**
　▶をクリックし、下のプレビュー画面でトランジションの効果を確認
　する。トランジション名とトランジションの内容が表示されている

❷ **方位セレクタ**
　四隅や上下左右にある三角をクリックして、トランジションの方向
　を変更する

❸ **効果プレビュー**
　トラックのフレーム状態、効果のアニメーションを表示する

❹ **デュレーション**
　トランジションのデュレーションを変更する

❺ **プレビュー画面**
　トランジションの開始点／終了点のフレーム映像を表示する

❻ **開始・終了フレームスライダ**
　スライダーをドラッグして、トランジションの開始位置／終了位置
　を変更する

❼ **オプション**
　トランジションによって、オプションの設定内容が異なる

❽ **前のクリップ**
　クリップA（トランジションを設定した位置より前にあるクリップ）

❾ **再生ヘッドと編集ライン**
　現在の表示位置を示している

❿ **設定したトランジション**
　トランジションが表示される

⓫ **後にあるクリップ**
　クリップB（トランジションを設定した位置より後にあるクリップ）

TIPS **実際のソース表示**

オプションにある「実際のソース表示」のチェックボックスを
クリックしてオンにすると、クリップの内容が荒い画質でサ
ムネール表示されます。

チェックを入れてオンにする

SECTION 6.9 トランジションをカスタマイズする

トランジションを設定したけど、効果がよくわからない…。そのような場合は、トランジションの効果をカスタマイズできます。カスタマイズは、「エフェクトコントロール」パネルで行います。

■ 境界線の幅とカラーを変更する

　クリップに適用したトランジションは、「**エフェクトコントロール**」パネルで設定内容を変更できます。前のクリップと後のクリップで絵柄や色が似ていた場合、効果が目立ちません。そのようなときには、トランジションの効果をカスタマイズします。

　たとえば、「Slide」カテゴリーにある「Center Wipe」というトランジションの「境界線の幅」と「境界のカラー」というオプションをカスタマイズしてみましょう。

トランジション

カスタマイズ前

カスタマイズ後

CHAPTER 6

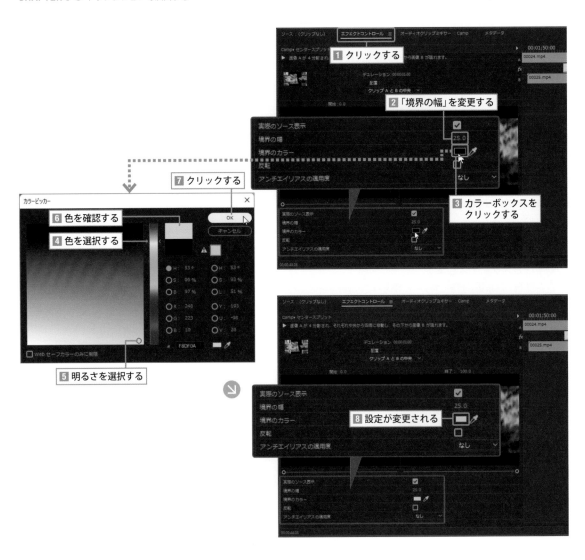

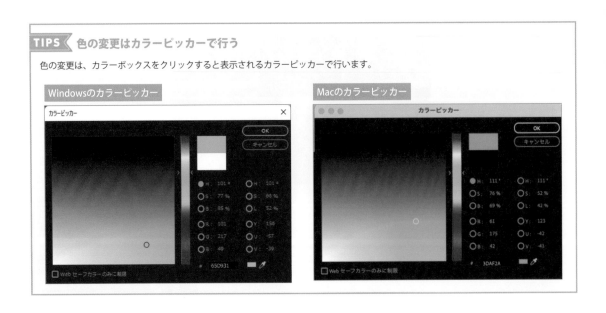

TIPS 色の変更はカラーピッカーで行う

色の変更は、カラーボックスをクリックすると表示されるカラーピッカーで行います。

トランジションでフェードイン／フェードアウトを設定する

トランジションは、場面転換だけに利用するエフェクトではありません。たとえば、動画をフェードアウト、あるいはフェードインするためのエフェクトとしても利用できます。

■ 黒い背景にフェードアウトする

　デフォルト状態で動画を編集すると、動画が終わるとき突然に終わって黒い画面が表示されます。ここでトランジションを利用すると、黒い背景に映像が徐々に消えていく「**フェードアウト**」を設定できます。

フェードアウトを設定した動画

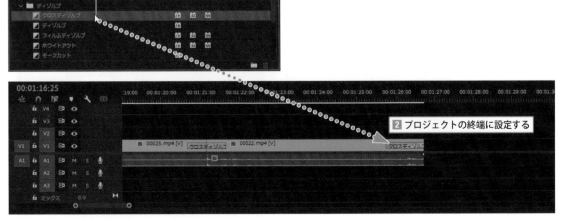

1 「クロスディゾルブ」を選択する

2 プロジェクトの終端に設定する

■ 白い背景からフェードインする

動画が黒い背景から徐々に表示される「フェードイン」ではなく、**白い背景からフェードイン**させたい場合は、プロジェクトの先頭に白い背景を挿入し、トランジションのクロスディゾルブを設定します。

フェードインを設定した動画

1 白い背景画像を作成する

最初に、白い静止画像を作成します。Premiere Proでは、静止画像は5秒間のデュレーションを持ったビデオクリップとして作成されます。

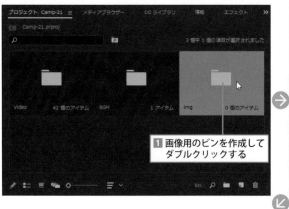

1 画像用のビンを作成してダブルクリックする

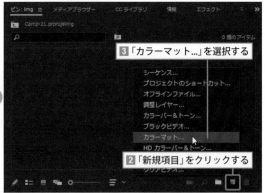

3 「カラーマット...」を選択する

2 「新規項目」をクリックする

4 クリックする

POINT

白色は、「R：255、G：255、B：255」になります。

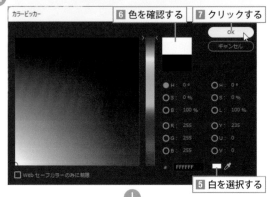

6 色を確認する　7 クリックする

5 白を選択する

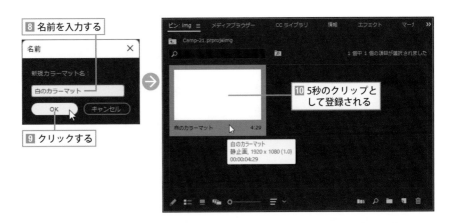

8 名前を入力する

9 クリックする

10 5秒のクリップとして登録される

2 トランジションを設定する

作成した白いカラーマットをプロジェクトの先端に挿入し、クリップとクリップの接合点にクロスディゾルブを設定します。

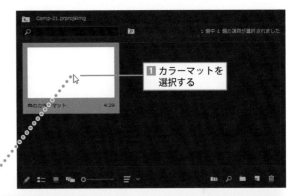

1 カラーマットを選択する

2 Ctrl（Mac：command）キーを押しながらドラッグ＆ドロップする

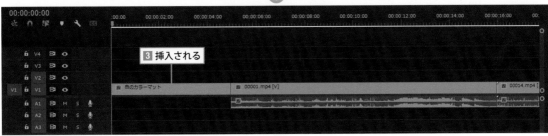

3 挿入される

POINT

Ctrl（Mac：command）キーを押しながら挿入しないと、上書きされてしまいます。

上書きされた場合

CHAPTER 6

4 Ctrl （Mac： command ）キーを押しながらトリミングする

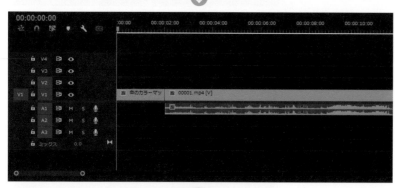

POINT

5秒のデュレーションは長いので、
2〜3秒にトリミングします。

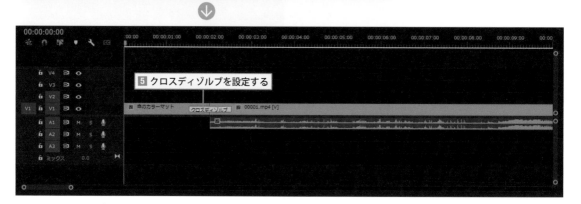

5 クロスディゾルブを設定する

エフェクトで演出する

SECTION 7.1

エフェクトと「エフェクト」パネルについて

「エフェクト」は、映像を特殊な効果で演出し、自分の希望するストーリーに動画を仕上げるという目的で利用します。エフェクトは「エフェクト」パネルに登録されています。

■ エフェクトを適用した動画

　「**エフェクト**」は、ビデオクリップやオーディオクリップ全体に、特殊効果を設定するフィルタ機能のことをいいます。ビデオクリップ用やオーディオクリップ用にエフェクトが用意されており、目的に応じた特殊効果が利用できます。

「ビデオエフェクト」➡「イメージコントロール」➡「モノクロ」

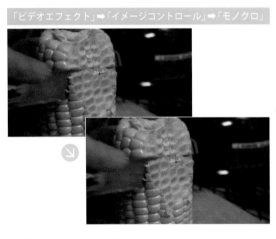

「ビデオエフェクト」➡「描画」➡「レンズフレア」

▶「エフェクト」パネル

　「ビデオエフェクト」と「オーディオエフェクト」は、「**エフェクト**」**パネル**のそれぞれのカテゴリーに登録されています。

「ビデオエフェクト」のカテゴリー

「オーディオエフェクト」のカテゴリー

■「エフェクト」パネルの表示

「エフェクト」パネルは、「編集」ワークスペースなら画面の左下にグループ化されています。
なお、頻繁にエフェクトを利用する場合は、「**エフェクト**」**ワークスペース**の利用が便利です。

「編集」ワークスペースの
「エフェクト」パネル

「エフェクト」ワークスペースの「エフェクト」パネル

■ エフェクトを調整する「エフェクトコントロール」パネル

クリップに設定した
エフェクトは、オプショ
ンを変更することで効
果を調整できます。

このオプション変更
を行うためのパネルが
「**エフェクトコントロー
ル**」**パネル**です。

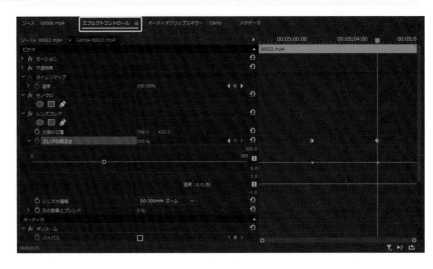

SECTION 7.2 ビデオエフェクトを設定する

カラーの映像をモノクロに変換するビデオエフェクトの「モノクロ」を、ビデオクリップに設定してみましょう。エフェクトの設定方法は2タイプあります。他のエフェクトも、基本的に設定方法は同じです。

■ 検索ボックスでエフェクトを見つける

　ビデオクリップに設定するエフェクトは、「エフェクト」パネルの「ビデオエフェクト」カテゴリーに登録されています。ただし、ビデオエフェクトにも多くのカテゴリーがあり、どのカテゴリーに利用したいエフェクトがあるのかを見つけるのは大変です。

　そこで利用するのが、**検索ボックス**です。たとえば、カラー映像をモノクロに変換するエフェクトの「モノクロ」は、次のように検索します。

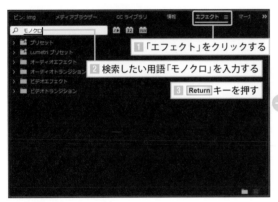
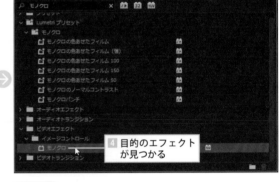

POINT

検索を実行すると、エフェクトパネルに登録されている検索用のキーワードを持つエフェクトが、一覧表示されます。その中から、目的のエフェクトを選択します。

POINT

検索ボックスに入力した**キーワード**は、利用したいエフェクトが見つかったら必ず削除してください。用語が残っていると、他のエフェクトが表示されません。

■ ドラッグ＆ドロップでエフェクトを設定する

　エフェクトをクリップに設定する方法には2種類ありますが、最も基本的な方法がドラッグ＆ドロップによる設定です。見つけたエフェクトを、エフェクトを設定したいトラックに配置したクリップの上にドラッグ＆ドロップします。先に見つけた「モノクロ」を設定してみましょう。

設定前

設定後

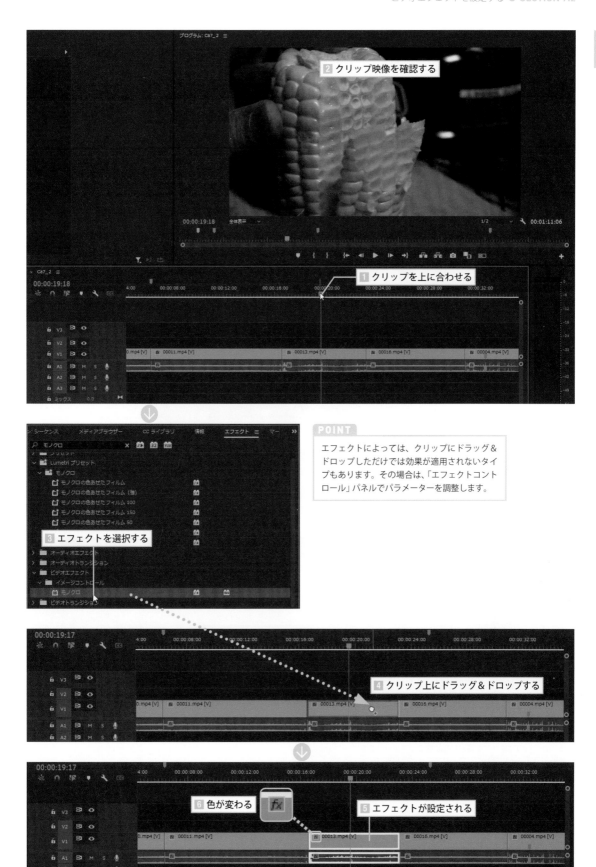

POINT

エフェクトによっては、クリップにドラッグ＆ドロップしただけでは効果が適用されないタイプもあります。その場合は、「エフェクトコントロール」パネルでパラメーターを調整します。

■ ダブルクリックでエフェクトを設定する

エフェクトを設定したいクリップを事前に選択しておき、「エフェクトコントロール」パネルでエフェクト名を
ダブルクリックして適用する方法もあります。

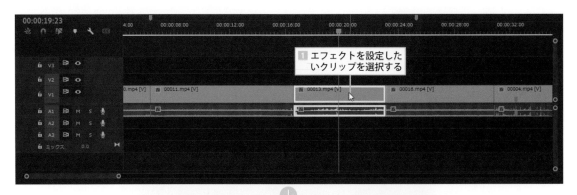

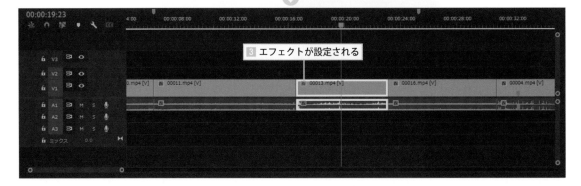

POINT

うっかり別のクリップを選択した状態でエフェクトをダブル
クリックすると、目的のクリップではないクリップにエフェ
クトが設定されてしまいます。ダブルクリックでの設定には
注意してください。

SECTION

7.3 エフェクトのオン／オフと エフェクトの削除

クリップに設定したエフェクトは、エフェクトの効果のオン／オフや、不要になったら削除することができます。ここでは、その方法を解説します。

■ エフェクトのオン／オフ

　クリップに設定したエフェクトは、効果のオン／オフでエフェクト適用前と後の状態を確認できます。

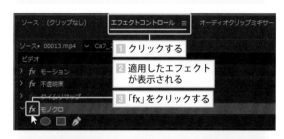

■ エフェクトを削除する

　エフェクトの効果をオン／オフして確認し、不要になったら削除します。

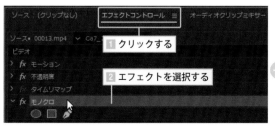

TIPS ソースとプログラムモニターの連動

本来、「ソース」モニターと「プログラム」モニターは個別に機能しており、連動することはありません。しかし、「ボタンエディター」で「ソースとプログラムモニターの連動」ボタンを追加すると、これを連動させることができます。たとえば、エフェクトの設定前と設定後を同時に表示して確認できます。
なお、ボタンの追加は、どちらか一方のモニターに設定すればOKです。

2 「ソースとプログラムモニターの連動」ボタンをドラッグ＆ドロップする

1 「ボタンエディター」をクリックする

3 「OK」をクリックする

6 映像が表示される

9 映像が連携して動く

7 「ソースとプログラムモニターの連動」ボタンをクリックして有効にする

8 再生ヘッドをドラッグする

5 素材をダブルクリックする

4 クリップを配置してエフェクトを設定する

※連動する位置は、それぞの再生ヘッドのあるフレームからです。同じフレームで連動させたい場合は、それぞれの再生ヘッドを同じフレームに合わせてから、「ソースとプログラムモニターの連動」ボタンを有効にしてください。

複数のエフェクトを設定する

エフェクトは、トランジションと異なって複数のエフェクトを重ねて設定できます。なお、同じエフェクトでも重ねる順番によって効果が変わります。

■ 複数のエフェクトを設定する

1つのクリップに複数のエフェクトを設定できます。画面は、1つのクリップに「モノクロ」と「レンズフレア」という2つのエフェクトを設定したものです。

エフェクト設定前

エフェクトを設定するクリップ

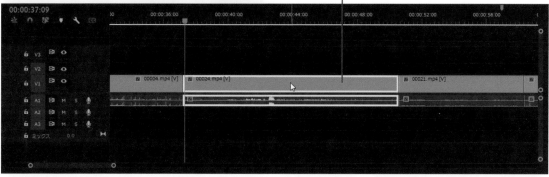

「ビデオエフェクト」→「イメージコントロール」→「モノクロ」を設定

「ビデオエフェクト」→「描画」→「レンズフレア」を設定

177

> **TIPS** 同じエフェクトを設定
>
> 1つのクリップに同じエフェクトを複数設定することも可能です。画面は、レンズフレアを2回設定した映像です。

■ エフェクトの順番を入れ替える

画面のエフェクトは、モノクロを設定したクリップ上にレンズフレアを重ねています。この**順番を入れ替え**てみましょう。

レンズフレア（上）　モノクロ（下）

モノクロのエフェクト　レンズフレアのエフェクト

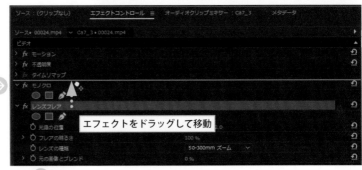

エフェクトをドラッグして移動

エフェクトの順番が入れ替わる

モノクロ（上）　レンズフレア（下）

> **POINT**
>
> この場合、「エフェクトコントロール」パネルでのエフェクトの順番とプログラムモニターでの表示は、上下の順番が逆になります。

SECTION

7.5 エフェクトをカスタマイズする

オプション設定のあるエフェクトは、オプションのパラメーターを変更することで、エフェクト効果をカスタマイズすることができます。

■ エフェクトのオプションを調整する

画面では、「レンズフレア」のオプション「**光源の位置**」の変更前と変更後の映像です。このようにオプションを調整することで、エフェクトの効果をカスタマイズできます。

オプション調整前

オプション調整後

1 エフェクトを設定したクリップを選択する

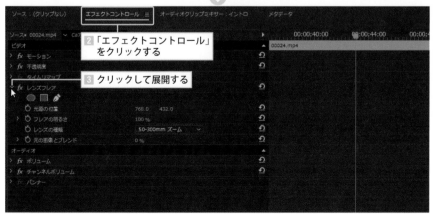

2 「エフェクトコントロール」をクリックする

3 クリックして展開する

④ X軸のパラメーターを変更する

⑤ 光源が左右方向に移動する

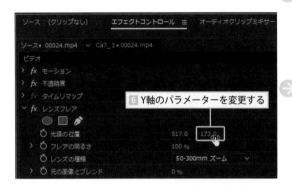

⑥ Y軸のパラメーターを変更する

⑦ 光源が上下方向に移動する

TIPS　X軸とY軸の座標

オプションの「光源の位置」が備えるパラメーターは、左側の数値がX軸（横軸）の座標値、右側がY軸（縦軸）の座標値を表しています。

X軸の座標値　Y軸の座標値

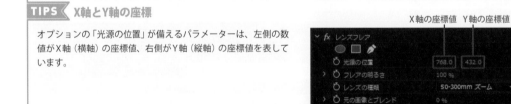

SECTION 7.6 エフェクトにアニメーションを設定

エフェクトのオプションの多くは、アニメーション設定ができます。ここでは、エフェクトにアニメーションを設定する基本的な方法について解説します。

■ アニメーション設定のための5つのポイント

Premiere Proで**エフェクトにアニメーションを設定する**場合、以下の5つのポイントを守る必要があります。

5つのポイント

1	2	3	4	5
アニメーションを開始する時間を決める	アニメーションを開始する位置（状態）を決める	アニメーション機能をオンにする	アニメーションを終了する時間を決める	アニメーションを終了する位置（状態）を決める

POINT

ポイントの開始と終了が入れ替わってもかまいません。たとえば、次の5つのポイントでもOKです。

1	2	3	4	5
アニメーションを終了する時間を決める	アニメーションを終了する位置（状態）を決める	アニメーション機能をオンにする	アニメーションを開始する時間を決める	アニメーションを開始する位置（状態）を決める

■ フレアの明るさをアニメーションさせる

先のアニメーションのための5つのポイントを利用し、レンズフレアの「フレアの明るさ」を明るくするアニメーションを作成してみましょう。

レンズフレアの「フレアの明るさ」をアニメーション

TIPS タイムラインの領域調整

アニメーションは「エフェクトコントロール」パネルのタイムラインで設定します。そのため、作業しやすいように表示サイズを調整します。

① アニメーションを開始する時間を決める

最初にアニメーションを開始する時間を決めます。ここでは、アニメーションをタイムラインの左端から開始します。ここでは、③がアニメーションの開始時間になります。

2 「エフェクトコントロール」パネルをクリックする

① エフェクトを設定したクリップを選択する

③ 再生ヘッドを左端に合わせる

② アニメーションを開始する位置（状態）を決める

アニメーションが開始する状態を決めます。アニメーションさせるのは「フレアの明るさ」で、開始時の状態はデフォルトの「100%」にしておきます。

③ 「100%」のままにする

③ アニメーション機能をオンにする

オプション名の頭にあるストップウォッチ ◙ がアニメーションのオン／オフのスイッチです。これをクリックしてアニメーションをオンにします。クリックすると表示が青くなり、タイムラインには ◆ のキーフレームが設定されます。

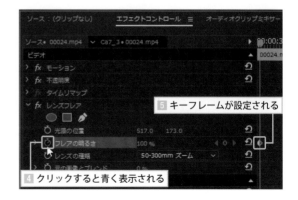

⑤ キーフレームが設定される

④ クリックすると青く表示される

4 アニメーションを終了する時間を決める

再生ヘッドを右にドラッグし、アニメーションを終了する時間を決めます。

5 アニメーションを終了する位置（状態）を決める

そして、アニメーションが終了する状態を決めます。フレアの明るさのパラメーターをスクラブし、明るさを調整します。画面では「162%」に設定しました。なお、数値を変更すると、キーフレームが自動的に設定されます。

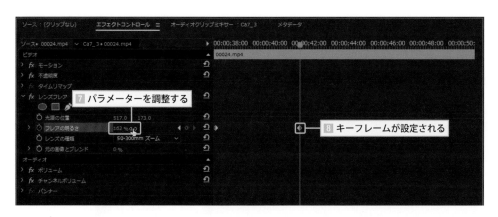

▶ アニメーションを再生する

設定ができたら、アニメーションを確認します。

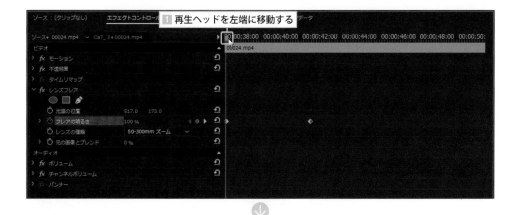

2 「再生」をクリックしてアニメーションを確認する

▶ アニメーションをアレンジする

キーフレームを増やすことで、アニメーションをアレンジできます。たとえば、明るくしたフレアの明るさをデフォルトの100%に戻してみましょう。

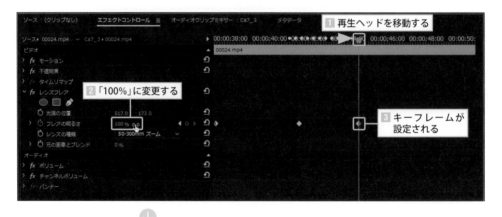

4 明るさが変更される

SECTION 7.7 フレームサイズを変更する

エフェクトにはすべてのクリップに適用されているデフォルトエフェクトがあります。このうちの「モーション」を利用すると、フレームのサイズが変更できます。

■ デフォルトエフェクトについて

「**デフォルトエフェクト**」とは、シーケンスに配置したクリップすべてに適用されている共通のエフェクトのことです。このエフェクトは、オプションの変更はできますが、エフェクトの削除はできません。

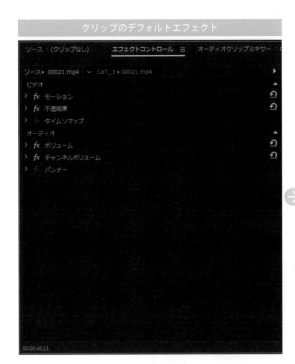

クリップのデフォルトエフェクト

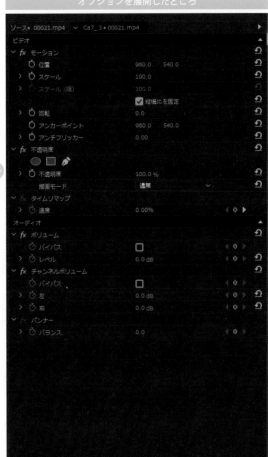

オプションを展開したところ

TIPS ストップウォッチでアニメをオン／オフ

オプション名の先頭にストップウォッチアイコン◎のあるエフェクトは、アニメーションが可能です。アニメーションの設定方法については、181ページを参照してください。

■「スケール」でフレームサイズを変更する

ここでは、「モーション」エフェクトにあるオプションの「スケール」を利用して、フレームのサイズを変更してみましょう。

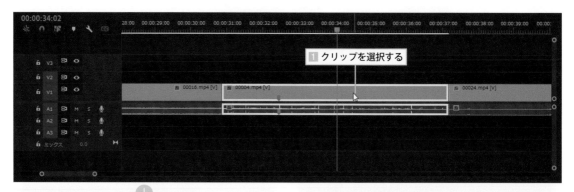

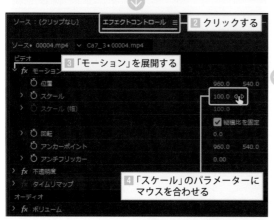

数値にマウスを合わせると、マウスが指を立てた形に変わり、指の左右に△が表示されます。この状態でマウスオを左右にドラッグさせて数値を変更する操作を「スクラブ」といいます。

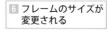

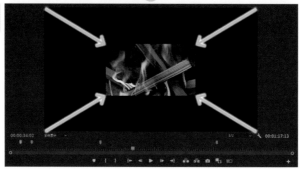

「位置」で表示位置（X座標、Y座標）を変更する

サイズ変更したフレームは、デフォルトエフェクトのオプション「位置」を利用して、フレームの表示位置を変更できます。

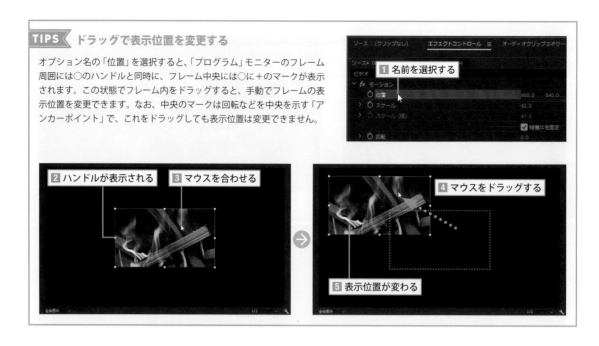

TIPS ドラッグで表示位置を変更する

オプション名の「位置」を選択すると、「プログラム」モニターのフレーム周囲には○のハンドルと同時に、フレーム中央には○に＋のマークが表示されます。この状態でフレーム内をドラッグすると、手動でフレームの表示位置を変更できます。なお、中央のマークは回転などを中央を示す「アンカーポイント」で、これをドラッグしても表示位置は変更できません。

▶ 他のエフェクトとの組み合わせで利用する

フレームのサイズ変更をしたクリップは、たとえばモノクロなどのエフェクトを設定して、291ページで解説するロールタイトルを組み合わせることで、メイキングなどを利用したエンドロールとして利用されます。

「モノクロ」と「エンドロール」を設定した例

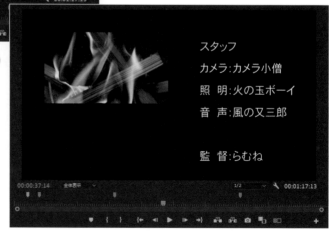

SECTION 7.8

マスクを利用してフレームの一部にエフェクトを適用する

「エフェクト」パネルから設定したエフェクトには、マスク機能が搭載されたものが多くあります。ここでは、本書でお馴染みの「モノクロ」のマスクを利用する方法を解説します。

■ エフェクトのマスクを利用する

「**マスク**」とは、

エフェクトが適用される範囲と適用されない範囲を分ける

ための機能です。

たとえばこのSECTIONでは、画面のようにモノクロのエフェクトが設定される部分とそうでない部分とを、マスクを利用して設定しています。

マスク設定前

マスク設定後

エフェクトが適用されている範囲

エフェクトが適用されていない範囲

▶ クリップにエフェクトのマスクを適用する

クリップに**エフェクト**を設定し、そのエフェクトの
適用範囲をマスクで範囲指定します。

なお、ここでは「反転」を利用してエフェクトの適
用範囲を逆転させています。

1 クリップを選択する

2 エフェクトを選択・設定する

3 エフェクトが適用される

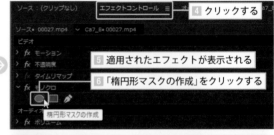

4 クリックする

5 適用されたエフェクトが表示される

6 「楕円形マスクの作成」をクリックする

7 マスクが作成される

8 ハンドルをドラッグする

9 サイズを調整する

10 ドラッグして位置を調整する

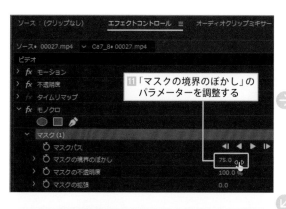

12 境界が調整される

14 適用範囲が反転される

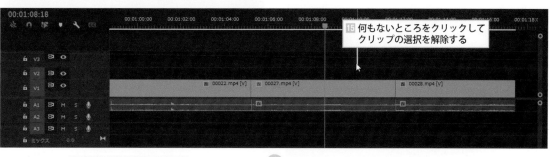

15 何もないところをクリックして
クリップの選択を解除する

16 エフェクトが適用される

SECTION
7.9

クリップに設定した属性の ペーストと削除

1つのクリップに設定したエフェクトとそのオプションの設定を、他のクリップにも同じ状態で適用したい場合、「属性をペースト」を利用すると、エフェクトの設定内容をコピーして適用できます。

■「属性をコピー」でエフェクトを複写

クリップに設定したエフェクトのオプション設定は、そのまま別のクリップにもコピーして適用できます。エフェクトによってはオプション設定に手間が掛かる場合があります。このような設定を「属性」と呼びますが、別のクリップにも同じ属性をコピーして適用することで、設定の手間を省くことができます。

ここでは、「エンボス」というエフェクトを利用しています。

エフェクト適用前

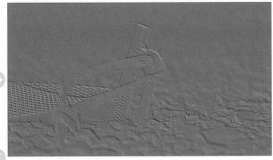

エフェクトを適用

オプションを調整

別のクリップ

同じエフェクトを同じ設定で適用

▶ **属性をコピー&ペーストする**

クリップにエフェクトを設定し、**オプション設定の属性を別のクリップに適用**します。

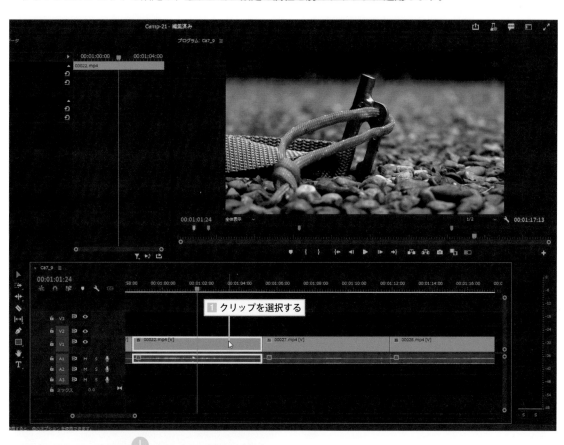

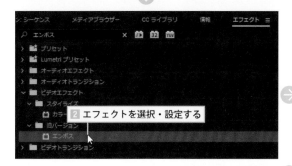

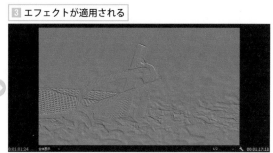

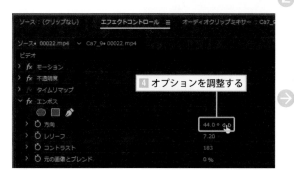

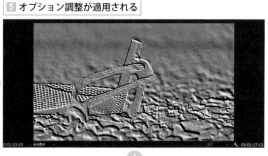

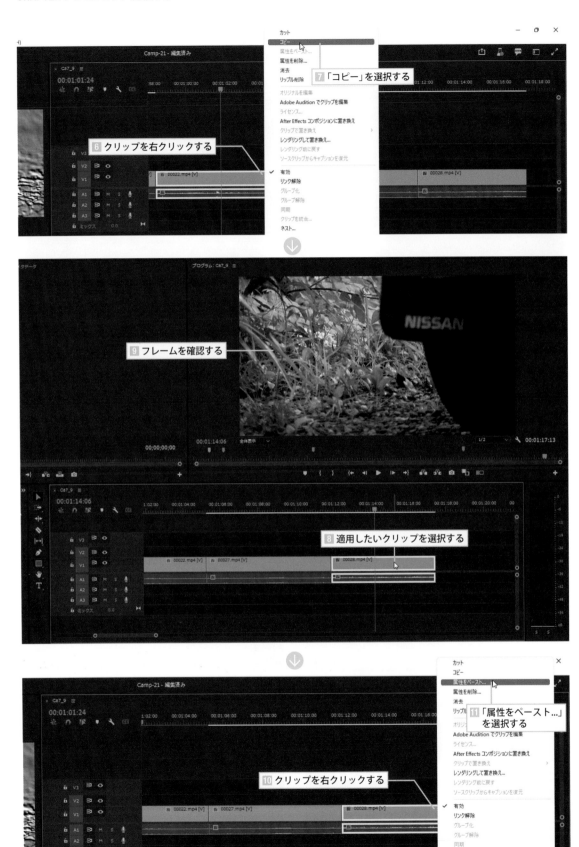

6 クリップを右クリックする

7 「コピー」を選択する

9 フレームを確認する

8 適用したいクリップを選択する

11 「属性をペースト...」を選択する

10 クリップを右クリックする

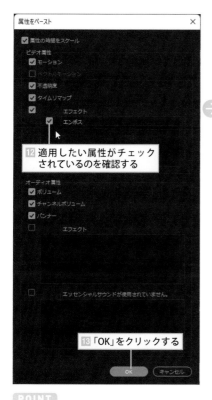

12 適用したい属性がチェック されているのを確認する

13 「OK」をクリックする

POINT

パラメータを調整していない属性は、チェックされていても影響はないので、そのままでかまいません。

14 属性が適用される

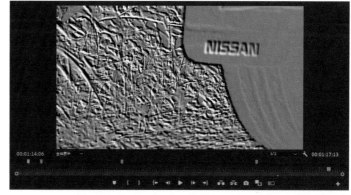

TIPS マスクを併用する

189ページで解説したマスクを利用すると、エフェクトの適用していない部分などが設定でき、より印象的な映像を演出できます。

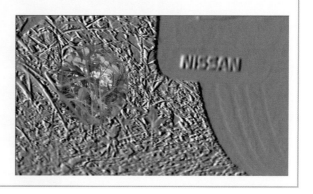

SECTION

7.10　映像の一部にモザイクを設定する

映像の一部分にモザイクを設定した動画を作成してみましょう。この場合、映像にエフェクトの「モザイク」を設定し、「マスク」と「トラッキング」を適用して作成します。

■ 部分的なモザイクをトラッキングする

　映像の一部に**モザイクを設定**し、さらにその部分に**トラッキングを設定**すると、映像の動きにモザイク部分が同期して一緒に移動します。

CHAPTER 7

■ モザイクを調整する

　最初にクリップ全体にモザイクを設定し、モザイクのオプションを調整します。調整ができたら、マスクでモザイクを設定したい範囲を決めます。

② トラッキングの対象をはっきりと確認できる位置を見つける

① ドラッグする

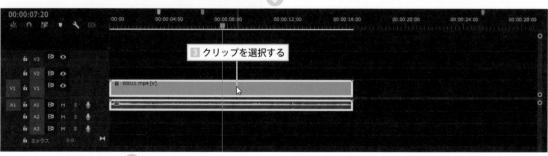

③ クリップを選択する

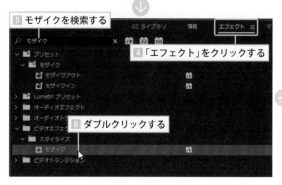

⑤ モザイクを検索する

④ 「エフェクト」をクリックする

⑥ ダブルクリックする

⑦ モザイクが設定される

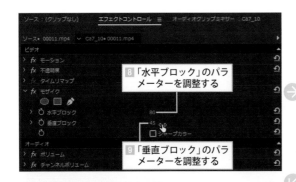

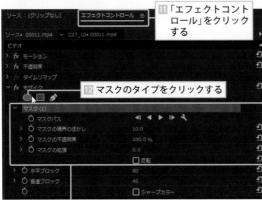

POINT

マスクサイズを、隠したい部分の領域サイズに合わせます。なお、マスクを設定する場合、明暗やリンクがはっきりしている被写体がトラッキングには適しています。

■ モザイク部分にトラッキングを設定する

マスクでトラッキング（追尾）したい被写体を選択できたら、トラッキングを開始します。なお、トラッキングの開始位置はクリップの途中でもかまいません。画面でも、中央付近からトラッキングを開始します。

▶ 順方向へのトラッキング

トラッキングは、クリップの途中から開始できます。画面では、トラッキング対象のクリップの中央あたりからトラッキングを開始しています。

なお、通常の再生方向へのトラッキングを「**順方向トラッキング**」といいます。

▶ 逆方向へのトラッキング

再生時の方向とは逆方向へのトラッキングを「**逆方向トラッキング**」といいます。トラッキングを開始した途中位置から、逆方向へのトラッキングを行います。

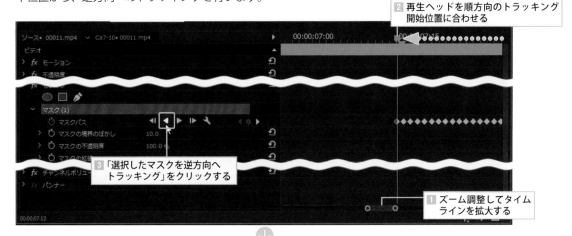

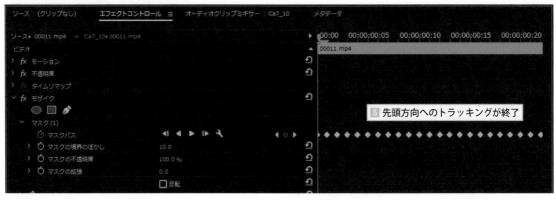

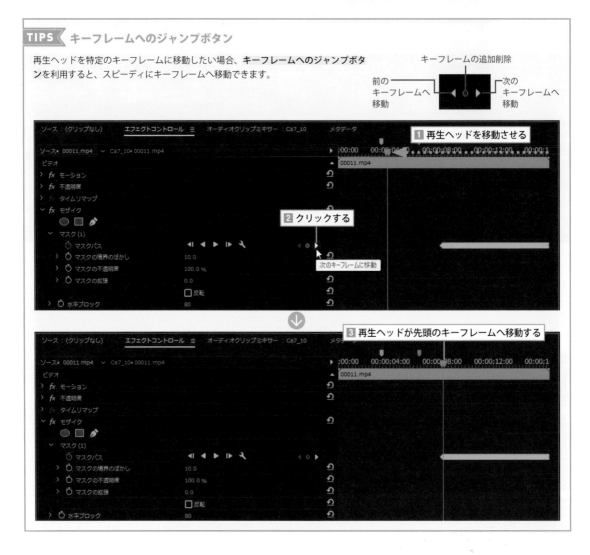

▶ 再生して確認する

トラッキングが終了したら、再生して確認します。

3 「再生」をクリックする

1 再生ヘッドをクリップの左端に合わせる

2 クリップの選択を解除する

4 トラッキングを確認する

被写体がぼけていると、ト
ラッキングが上手くいかない傾
向にあります。

SECTION
7.11
きれいな炎の
スローモーションを作る

Premiere Proで、スローモーションを設定する複数の方法があります。ただ、単独での設定はスムーズなスローモーションではないので、できる限りスムーズできれいなスローモーションを設定してみましょう。

■ スローモーションを設定する手順

Premiere Proでスローモーションを実現する主な方法に3種類あります。

❶「クリップ速度・デュレーション」を利用する
❷「タイムリマップ」を利用する
❸「レート調整ツール」を利用する

　これらを単独で利用してもよいのですが、単独の場合、ややぎこちないスローモーションになります。しかし、これを併用すると、単独のときよりは動きのきれいなスローモーションが作成できます。
　ここでは、❶の「クリップ速度・デュレーション」と❷の「タイムリマップ」を併用した方法を解説します。動画には炎の映像素材を利用して、スローモーションを設定してみましょう。

▶「クリップ速度・デュレーション」の設定

　最初に、シーケンスに配置したクリップを右クリックし、コンテクストメニュー（ショートカットメニュー）から「クリップ速度・デュレーション」を表示してスローモーションを設定します。

1 クリップを配置する

2 Alt キー（Mac： option キー）を押しながら音声部分を選択する

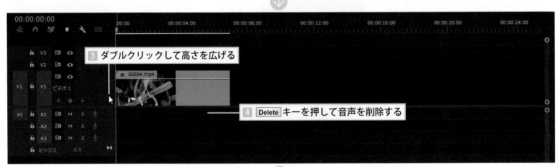

3 ダブルクリックして高さを広げる

4 Delete キーを押して音声を削除する

> 125ページで紹介した方法で、「ソース」モニターから映像だけを配置してもかまいません。

▶「タイムリマップ」での設定

次に、「エフェクトコントロール」パネルの「**タイムリマップ**」でスローモーションを設定します。
なお、この設定は、シーケンス上のクリップでも同じ操作ができます。

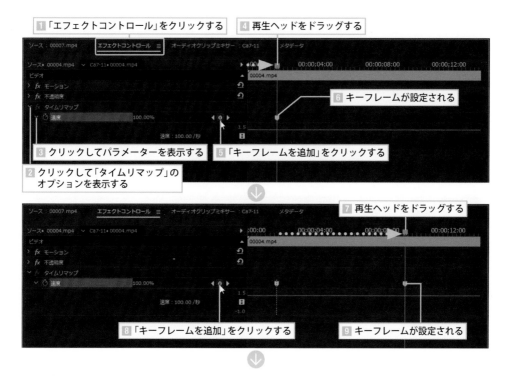

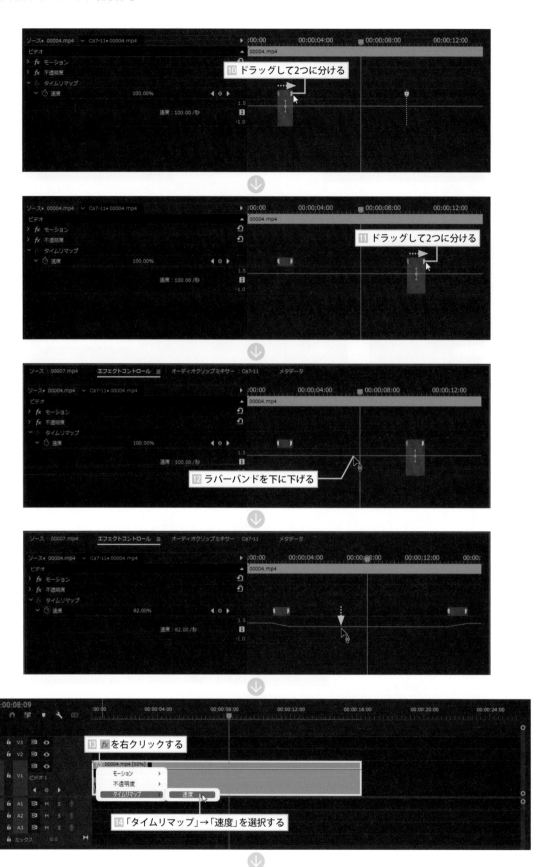

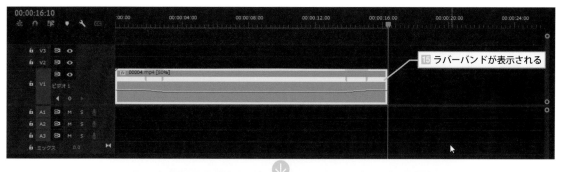

※スローモーションの調整は、⓬の操作か、⓰で表示されたラバーバンドを上下して調整します。

TIPS 撮影フレームレートでスローモーションを実現する

ビデオカメラ側のフレームレート（fps）を利用しても、スローモーションが設定できます。この場合、Premiere Proのプロジェクトのフレームレート（ベースフレームレート）と、撮影するビデオカメラ側でのフレームレート（撮影フレームレート）の差で、スローモーションを実現します。

たとえば、Premiere Proのプロジェクトのタイムベースを29.97fps、カメラ側の撮影フレームレートを60fpsで撮影します。この動画をPremiere Proのシーケンスに配置すると、撮影した動画の1秒は、シーケンスでは2秒として再生されます。すなわち、約2倍のスローモーションで再生されることになり、「クリップ速度・デュレーション」と「タイムリマップ」を併用したスローモーションよりも、きれいなスローモーションが実現できます。

❶ベースフレームレート：29.97fps
❷撮影フレームレート：60fps

このほか、いろいろな組み合わせでスローモーションが実現できます。とくにカメラ側で120fpsや240fpsなどが撮影できると、きれいなスローモーションが利用できます。また、ベースフレームレートを24fpsで利用すると、30fpsや60fpsの動画素材でも、手軽にきれいなスローモーションが実現できます。

SECTION

7.12

調整レイヤーを利用して
エフェクトを設定する

エフェクトは基本的にクリップ自身に設定しますが、クリップにエフェクトを直接設定したくない場合は、「調整レイヤー」を利用してエフェクトを設定することができます。

■ 調整レイヤーについて

　ビデオエフェクトなどのエフェクト機能は、基本的にクリップ自身に設定・適用します。しかし、「**調整レイヤー**」をトラックに配置してこのレイヤーにエフェクトを設定すると、クリップにエフェクトを設定しなくても効果を適用できます。

　たとえば1つのクリップでエフェクトのオンの状態とオフの状態を演出したい、あるいは同じエフェクトの設定を他のクリップにも適用したいといった場合は、調整レイヤーを利用するとクリップに直接エフェクトを設定しなくてもエフェクトの効果を適用することができます。

調整レイヤーに「モノクロ」を設定した場合

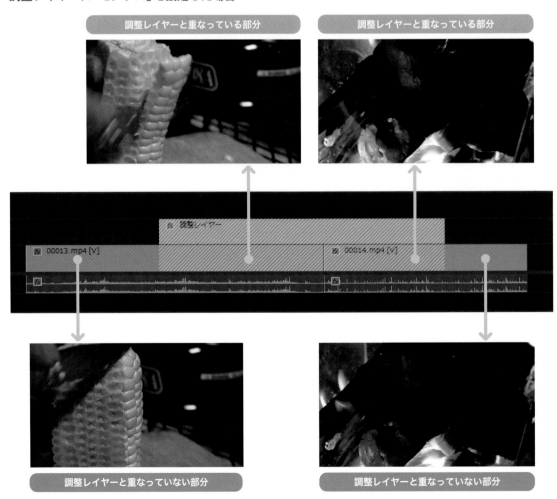

調整レイヤーと重なっている部分

調整レイヤーと重なっている部分

調整レイヤーと重なっていない部分

調整レイヤーと重なっていない部分

■ 調整レイヤーを設定する

　画面では、トラックに2つのクリップを設定し、それぞれ半分にモノクロのエフェクトが設定されるように、調整レイヤーを設定しています。

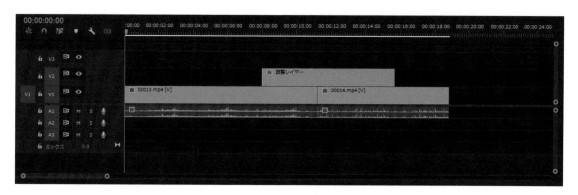

▶ 調整レイヤーを配置する

　調整レイヤーは、「V1」トラックにクリップを配置したら、「V2」トラックに配置します。

　ここでは「V2」トラックに配置していますが、必ずエフェクトを設定したいトラックより上のトラックに配置してください。

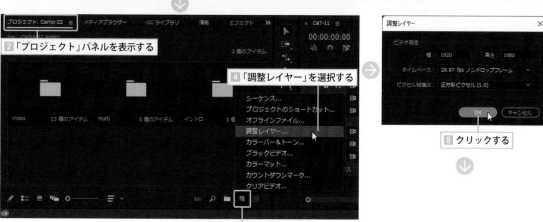

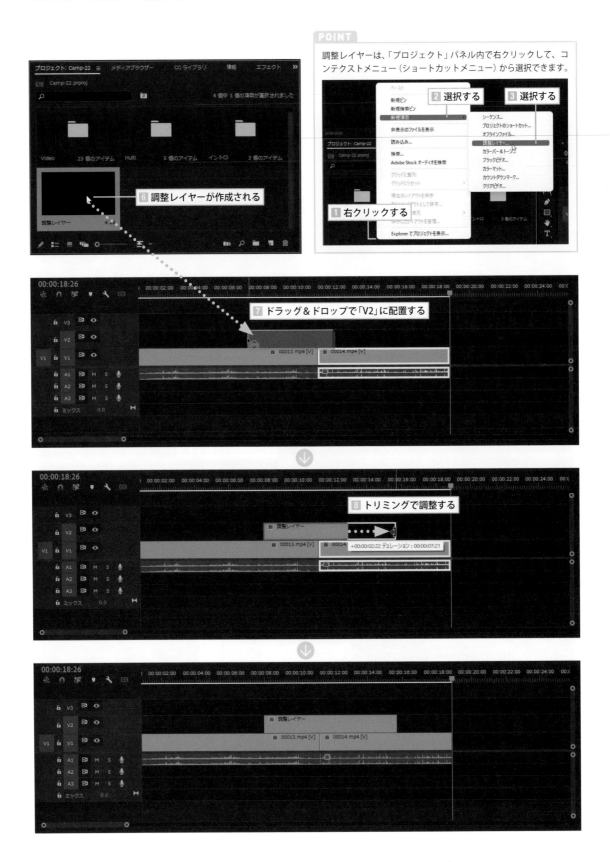

▶ エフェクトを設定する

「V2」トラックに配置した調整レイヤーにエフェクトを設定します。画面では「モノクロ」を設定しています。

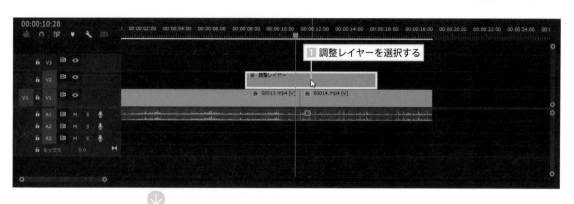

1 調整レイヤーを選択する

3 利用したいエフェクトを見つける　2 「エフェクト」をクリックする

4 ダブルクリックする

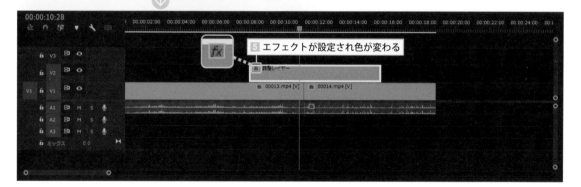

5 エフェクトが設定され色が変わる

209

SECTION 7.13 映像をカラーキーで合成する

「ビデオエフェクト」カテゴリーにある「キーイング」を利用すると、特定の色を透明化して映像と映像を合成できます。ここでは、キーイングの「カラーキー」と「Ultraキー」を利用したキーイング合成を行ってみましょう。

■「カラーキー」で合成する

映像の合成では、いわゆる「**グリーンバック**」や「**ブルーバック**」と呼ばれる合成方法があります。これは、グリーンなどの背景で撮影した映像の背景を透明化することで、合成するエフェクトです。

「カラーキー」で合成

▶「カラーキー」を設定する

ここでは、「ビデオエフェクト」カテゴリーの「キーイング」にある「**カラーキー**」を利用して、グリーンバックの映像との合成を行う手順を解説します。

1 トラックに背景用の動画を配置する

背景用の動画

CHAPTER 7

2 合成用の動画を取り込む

合成用のサンプル映像は、「Key」フォルダーに「key.mp4」として
保存してあります。

3 「V2」トラックに配置する

4 クリックして選択状態にする

5 「エフェクト」をクリックする

6 「ビデオエフェクト」を展開する

8 「カラーキー」をダブルクリックする

7 「キーイング」を展開する

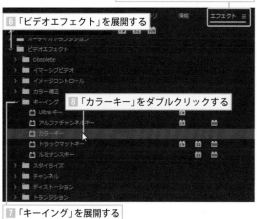

9 エフェクトが設定される

POINT

エフェクトが設定されても、適用はされません。

10 「エフェクトコントロール」をクリックする

11 「カラーキー」を展開する　**12 スポイトをクリックする**

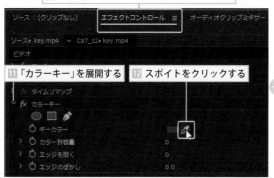

13 透明化したい色の部分でクリックする

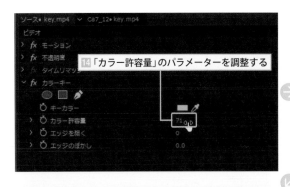

▶ 2度設定する

カラーキーのパラメーターを調整してもきれいに合成できない場合は、もう一度カラーキーを設定し、残っている色を透明化します。

5 パラメーターを調整する

POINT

キーイング合成では、必ずきれいに合成できるとは限りません。きれいに合成するポイントは、合成しやすい背景で撮影することです。サンプルデータは、かなり合成の難しいタイプです。

TIPS 被写体にグリーン部分がある

被写体にグリーンが使われている場合は、背景にグリーン以外の色を利用して撮影します。たとえばブルーやレッドなど被写体が利用していない色なら何でもOKです。

■「Ultraキー」で合成する

　「ビデオエフェクト」カテゴリーの「キーイング」にある「**Ultraキー**」を利用すると、さまざまな調整を行いながらキーイング合成ができます。

　前述した「カラーキー」で上手く合成できなかった場合などに試してみてください。

「Ultraキー」で合成

4 「ビデオエフェクト」を展開する　　3 「エフェクト」をクリックする

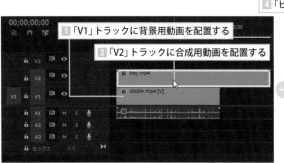

1 「V1」トラックに背景用動画を配置する

2 「V2」トラックに合成用動画を配置する

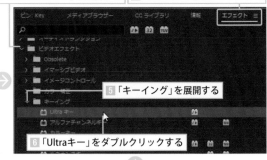

5 「キーイング」を展開する

6 「Ultraキー」をダブルクリックする

7 「エフェクトコントロール」をクリックする

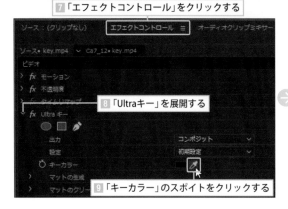

8 「Ultraキー」を展開する

9 「キーカラー」のスポイトをクリックする

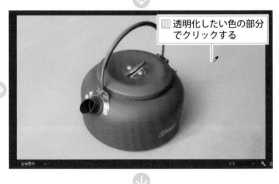

10 透明化したい色の部分でクリックする

CHAPTER 7

11 「設定」の▽をクリックする

12 「強」を選択する

13 エフェクトが適用される

「設定」は、合成用動画の状況に応じて選択します。

14 「マットの生成」を展開する

15 パラメーターを調整する

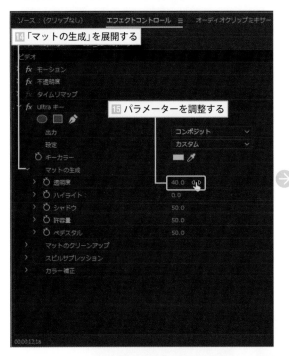

16 各パラメーターを調整する

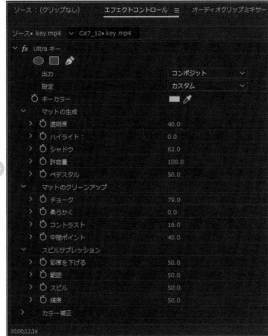

TIPS Ultraキーのオプション

Ultraキーのプションには、次のようなパラメーターがあります。

❶ マットの生成
合成用動画の不透明度や許容量など、合成のための基本的な設定を行うパラメーターです。

❷ マットのクリーンアップ
アルファチャンネルの状態を調整するパラメーターです。

❸ スピルサプレッション
カラーチャンネルを調整するパラメーターです。

❹ カラー補正
色相や彩度、輝度を調整するためのパラメーターです。

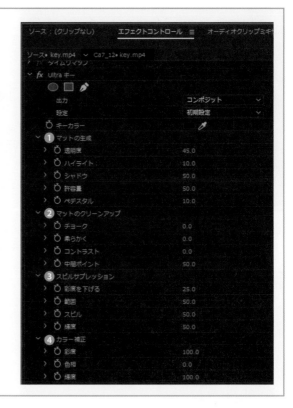

TIPS アルファチャンネルを表示して調整する

「出力」にある「アルファチャンネル」を選択すると、マスクの状態を表示できます。黒い部分は透明化され、白い部分は透明化されません。各パラメーターで白黒の状態を調整します。

Ultraキー適用前

黒い部分が透明化される

透明化されない部分が多い

Log撮影した
データの編集とカラー補正

SECTION 8.1

Log撮影した動画データを編集する

そもそも、Log撮影って何なのだろう？　ここでは、Log撮影の基本的な知識を解説しています。Log撮影の初心者でもその特徴を理解し、美しい映像をSNSで公開できるようになります。

■ 映像データのタイプ

　映像データのタイプには、大きく分けて4種類あります。それぞれの特徴をまとめてみました。ここでは、この中の**Log**データについて解説します。なお、HDRについては253ページで解説します。

タイプ	特徴	メリット	デメリット
RAWデータ	・センサーが捉えたすべての情報を保持している。 ・自由自在に編集が可能。	・豊富な情報を利用して、カラーコレクション、カラーグレーディングが自由に行える。	・データが大きく、保存や取り扱いが困難。 ・撮影できるカメラが高額で機種が少ない。 ・編集にはハイスペックなパソコンが必要。
HDRデータ	・ダイナミックレンジが広く、カラーコレクション、カラーグレーディングが自由に行える。 ・カラーグレーディングが必要なPQ (Perceptual Quantization) タイプと、必要のないHLG (Hybrid Log Gamma) タイプの2種類がある。	・画質が高画質で、4K動画に適したデータ形式。 ・鮮明でリアルな表現が可能になる。	・編集にはハードウェア的な環境整備が必要。
LOGデータ	・データは圧縮されているが情報量が多く、カラーコレクション、カラーグレーディングを行う。	・データの保存が容易。 ・対応カメラの機種が多い。	・撮影したままでは利用できない。カラー補正が必須。
標準データ	・カメラ内で画像処理され、撮ってすぐに再生、公開などができる。	・データの圧縮率が高く、取り扱いが簡単でSDメモリーなどに保存して持ち運べる。 ・撮影後の色補正などは必要ない。 ・一般的なスペックのパソコンで編集ができる。	・ある程度完成されたデータのため、補正などの幅が狭い。

▶ タイプ別映像の記録方法

　最初に、ビデオカメラや一眼カメラで捉えた映像がどのようにデジタルデータとして記録されるのかを見てみましょう。図にあるように、レンズから入射された光はセンサーで受光され、画像処理エンジンで画像処理されて動画ファイルとして記録されます。

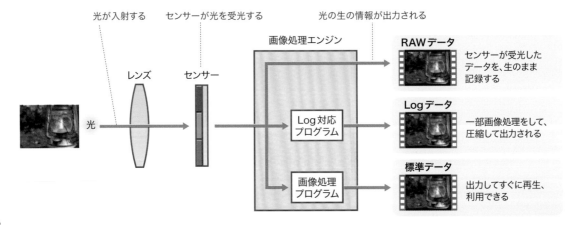

■ なぜLogデータを利用するのか

Log撮影の魅力はその**高い映像クオリティ**にあります。しかしクオリティの高さだけを求めるのであれば、RAWデータの方がより適していると言えるでしょう。ではRAWではなくLogを利用するメリットはどこにあるのでしょうか。

▶ RAWデータとの比較

RAWではなくLogを利用する最も大きな理由は、**RAWデータでは情報量が多すぎる**からです。情報量が多いということは、**ファイルサイズが大きい**ということでもあります。

RAWデータは、イメージセンサー（撮像素子）から出力されたままの生情報です。そして高画質な映像とカラーを自由自在に設定できることから、主に映画制作などに利用されます。ただし、RAWデータはファイルサイズが巨大なため、取り扱いに手間が掛かるのです。しかも、RAW撮影ができるカメラは高額で、巨大な動画ファイルを記録・保存するためのメモリーやシステムも必要になります。

しかし、YouTubeなどネットを中心に公開するための映像制作なら、そこまでのデータを利用する必要もないのが事実です。Logで十分高画質な映像を得ることができるからです。Logデータは、RAWデータと同等の高画質な映像に必要なダイナミックレンジを残しながら、RAWデータの情報をコンパクトに圧縮したものなのです。

ただし、圧縮してコンパクト化したことにより薄ぼんやりとした低コントラストな映像になるため、**カラーグレーディングなどの色補正が必須**になります。

Logデータ

カラーコレクション、カラーグレーディング後のLogデータ

▶ 標準データとの比較

標準データは「撮って出し」と呼ばれるように、撮影した映像を即座に再生でき、カラー補正の必要もありません。いわゆるフルハイビジョン映像やMP4形式の映像などですね。通常はこれで問題がありません。

しかし、これらの映像は明るいところの白飛びや、暗いところの黒つぶれなどが発生しやすいというデメリットがあります。

これに比べてLogデータはダイナミックレンジが広いので、白飛びや黒つぶれのない映像を得ることができるのです。

明るい部分を中心に撮影した標準データ

暗い部分が黒つぶれする

明るい空の雲を表現できるように調整

暗い部分を中心に撮影した標準データ

暗い部分のディテールを
表現できるように調整

明るい部分が白飛びする

Logデータで撮影

暗い部分のディテールを
確認できる

雲の表情が表現できる

TIPS 「Log」ってなに？

Log（ログ）は「Logarithm」（対数）という文字の頭文字3文字
の略語です。文字どおり、高校数学で習う「対数」のLogです。
何がLog（対数）なのかというと、光の濃淡を表す階調（グラ
デーション）をLogを利用して数値化しています。数値化する
際に利用しているのが、「Logカーブ」と呼ばれるものです。

TIPS 「階調」ってなに？

「階調」とは、色の一番明るいところから一番暗いところまでの
色の濃淡です。画素が1 bitの場合は、2階調になり、2 bitな
ら2の2乗で4階調になります。階調は大きいほど滑らかな濃
淡を表現できるのですが、一般的な映像は8 bitですので256階
調になり、10bitなら1024階調で表現できることになります。

暗いところから明るいところまでの階調

TIPS メーカーごとに異なるLog

Logは、カメラメーカーに
よって設定が異なり、名称も
違います。主なメーカーごと
のLogには、右のような種類
があります。

・Sony：S-Log
・Canon：C-Log
・Panasonic：V-Log
・JVC：J-Log

TIPS 「Logカーブ」ってなに？

アナログな光の情報をデジタル化（数値化）する際に利用され
るのが、「Logカーブ」です。RAWデータをスリム化する際に、
白飛びや黒つぶれしないように図のようなカーブを利用して
数値化し、ダイナミックレンジ情報を残しています。
グラフのうち、横のX軸が入力、縦のY軸が出力です。そして、
X軸は均等な目盛りですが、Y軸は不均等な目盛りです。これ
を「片対数グラフ」と呼びますが、RAWデータから中間の階調
を減らし、白飛びや黒つぶれする領域の階調を増やすために
利用されるグラフで、これがLogカーブです。

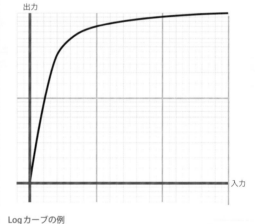

Logカーブの例

TIPS ダイナミックレンジってなに？

「ダイナミックレンジ」とは、「階調を識別することができる最小輝度と
最大輝度の比率」のことです。簡単にいえば、表現できる階調の幅が
広いということです。
明るいところが白飛びし、暗いところが黒つぶれするのは、ダイナミック
レンジが狭いことが原因です。白飛びや黒つぶれしないで、それぞ
れの領域の階調を保ちながら映像を表現するには、「ダイナミックレン
ジが広い」必要があるのです。
ダイナミックレンジが広いというのは、「白飛びや黒つぶれなどで明る
い部分、暗い部分の階調を失うことなく、双方を『同時に』撮影できる
明暗差の幅が広い」ということなのです。

夜空(10^{-6})　　夕方(1)　　太陽光(10^6)

自然界のダイナミックレンジ＝10^{16}

人間の目のダイナミックレンジ＝10^{12}

階調の幅の違い

カラーコレクションと カラーグレーディングについて

SECTION 8.2

色補正処理には、大きく分けてカラーコレクションとカラーグレーディングという2種類の処理があり、双方を行う場合、処理する順番があります。

■「カラーコレクション」があって「カラーグレーディング」が成立する

色補正で最も重要なことは、これから自分は何をしようとしているのかを把握することです。

いま、目の前にある映像に対して、どのように調整をするのかはっきりと調整後のイメージを持つことが重要です。そして、色補正の前に理解しておきたいのが、「カラーコレクション」と「カラーグレーディング」という2つの処理の違いです。ときどき、この両者が区別なく使われていることがありますが、これは混乱の元です。

本書では、この両者を次のように区別して解説します。

▶ カラーコレクション：自然色に整えること

・自然な色に調整すること。明るさやコントラスト、ホワイトバランス調整など。一般的には「カラコレ」とも呼ばれている。

▶ カラーグレーディング：色をクリエイティブすること

・色を演出して見やすく、好感の持てる映像に調整すること。自分やユーザーが欲しい色に調整すること。

色補正の手順としては、カラーコレクションで基調色に整え、それからカラーグレーディングするのが、基本的なワークフローといえます。そして、この違いを理解した上で、どのように色を調整するのかをイメージするのです。Logデータを利用した手順を見ると、画面のような流れになります。

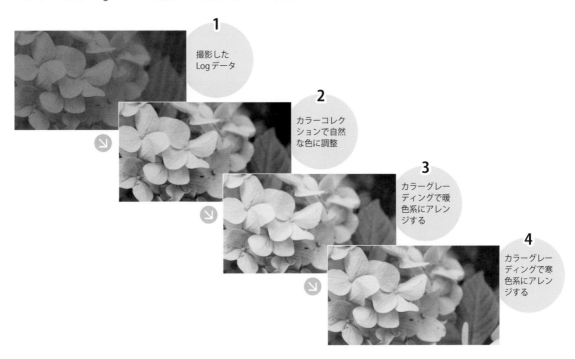

1 撮影した Logデータ

2 カラーコレクションで自然な色に調整

3 カラーグレーディングで暖色系にアレンジする

4 カラーグレーディングで寒色系にアレンジする

8.3　ワークスペースは「カラー」に 切り替える

Premiere Proでの編集作業効率をアップするための機能に、ワークスペースの切り替えがあります。ここでは、ワークスペースの「カラー」を利用して作業を行います。

■ Lumetriカラーを利用する

　Premiere Proでカラーコレクションやカラーグレーディングを行う場合、「**Lumetri カラー**」パネルを利用します。このパネルを利用する場合、ワークスペースの「カラー」を利用すると、ワンタッチでワークスペースを切り替えることができます。

2 「ワークスペース」をクリックする

1 ワークスペースの「編集」が選択されている

3 「カラー」を選択する

4 ワークスペース「カラー」に切り替わる

▶「編集」でLumetriカラーを利用する

　ワークスペースを切り替えず、「編集」でもLumetriカラーを利用することは可能です。この場合でも、249ページで解説するLumetriスコープは利用できます。

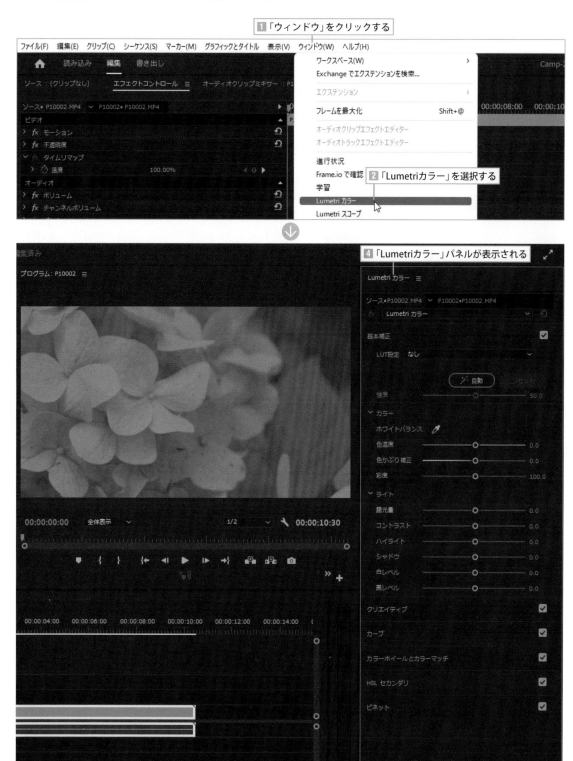

SECTION 8.4 「Lumetriカラー」の機能を確認する

「Lumetriカラー」パネルは、Logのカラーコレクションやカラーグレーディングだけでなく、すべてのプロジェクトとその素材に対して利用できる色補正用パネルです。その機能を確認してみましょう。

■ Lumetriカラーの機能を確認する

「Lumetriカラー」パネルには、カラーコレクションやカラーグレーディングを行うため、さまざまな機能が6つのカテゴリーにまとめられています。

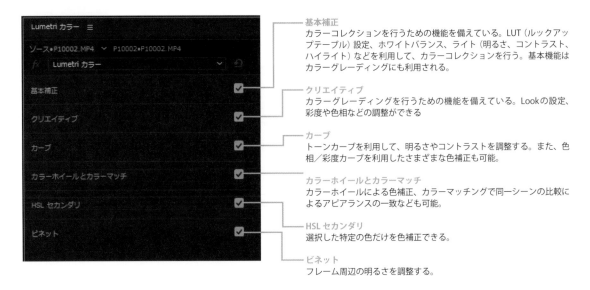

基本補正
カラーコレクションを行うための機能を備えている。LUT（ルックアップテーブル）設定、ホワイトバランス、ライト（明るさ、コントラスト、ハイライト）などを利用して、カラーコレクションを行う。基本機能はカラーグレーディングにも利用される。

クリエイティブ
カラーグレーディングを行うための機能を備えている。Lookの設定、彩度や色相などの調整ができる

カーブ
トーンカーブを利用して、明るさやコントラストを調整する。また、色相／彩度カーブを利用したさまざまな色補正も可能。

カラーホイールとカラーマッチ
カラーホイールによる色補正、カラーマッチングで同一シーンの比較によるアピアランスの一致なども可能。

HSL セカンダリ
選択した特定の色だけを色補正できる。

ビネット
フレーム周辺の明るさを調整する。

▶「基本補正」のパネルを展開する

「Lumetriカラー」パネルの6つのカテゴリーは、カテゴリー名をクリックしてパネルの表示／非表示を操作します。ここでは、「基本補正」のパネルを表示します。

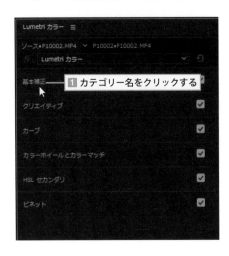

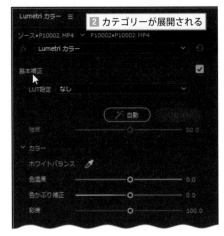

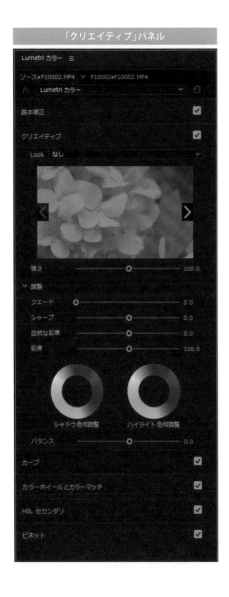

「クリエイティブ」パネル

「カーブ」パネル

「カラーホイールとカラーマッチ」パネル

「ビネット」パネル

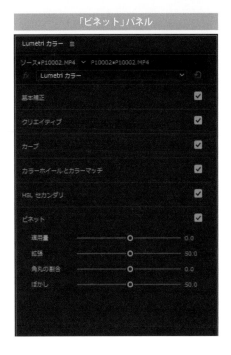

「HSL セカンダリ」パネル

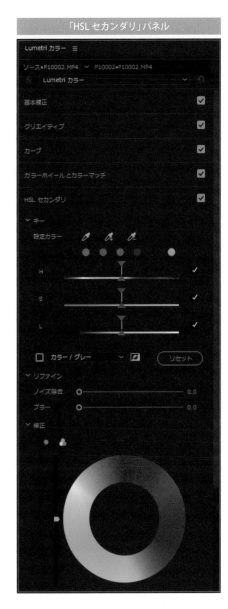

▶ オプション設定のリセット

　各カテゴリーで設定したオプションのパラメーター（設定値）は、「エフェクトをリセット」をクリックしてデフォルト（初期状態）に戻すことができます。また、エフェクトの設定前と設定後の状態を切り替えて確認することもできます。

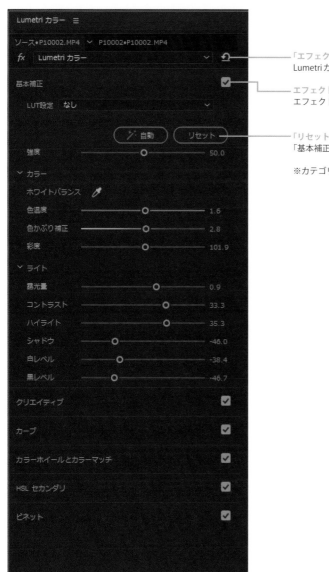

「エフェクト初期化」アイコン
Lumetriカラーでのすべての設定を初期化する。

エフェクト設定のオン／オフ
エフェクト設定のオン／オフを切り替えて確認する。

「リセット」ボタン
「基本補正」でのオプション設定をすべて初期化する。

※カテゴリーによっては、初期化のためのボタンがありません。

SECTION 8.5 Logを「基本補正」でカラーコレクションする

ここでは、Logデータを「Lumetriカラー」パネルの基本補正を利用して、カラーコレクションする手順について解説します。

■ Logデータをカラーコレクションする方法

Logデータの映像は、データ形式の特性から、そのままでは低コントラストでねむたい感じです。

そのため、カラーコレクションを実施しないと利用できません。カラーコレクションは、「Lumetriカラー」パネルを利用して行います。

カラーコレクション前のLogデータ

カラーコレクション後のLogデータ

▶ 2種類のカラーコレクション方法

Logデータをカラーコレクションする場合、2つの方法があります。なお、LUTを利用したカラーコレクションについては、235ページで解説していますので参照してください。

❶ Lumetriカラーの「基本補正」オプションを利用してカラーコレクションする
❷ LUTを利用してカラーコレクションする

TIPS ◀ LUTについて

LUTとは「Look Up Table」の略で、訳せば「参照テーブル」となります。Logデータは、アナログの光情報をLogカーブを利用してデジタル化しています。その際にLog独自の処理を行っているため、そのままでは低コントラストな状態です。その状態から、撮影したときの色に再現するための参照数値表がLUTです。

TIPS ◀ メーカーごとに異なるLog

Logは、カメラーメーカーによって設定が異なり、名称も違います。主なメーカーごとのLogには、右のような種類があります。

・Sony：S-Log
・Canon：C-Log
・Panasonic：V-Log
・JVC：J-Log

■「基本補正」の「自動」でカラーコレクションする

ここでは、LogデータをLumetriカラーの「基本補正」オプションを利用してカラーコレクションする方法を解説します。なお、カラーコレクションは「自動」と「カラー」にある「ホワイトバランス」で行えますが、最初に「自動」での方法を解説します。手動によるホワイトバランスでのカラーコレクションは、246ページを参照してください。

1 「基本補正」を展開する

ワークスペースを「カラー」に切り替えたPremiere Proの「編集」画面でシーケンスにLogデータを配置して選択状態にし、「Lumetriカラー」パネルの「基本補正」を展開します。

Logデータは、サンプルデータの「Log」フォルダー内に保存されています。

1 クリックしてカラーワークスペースに切り替える

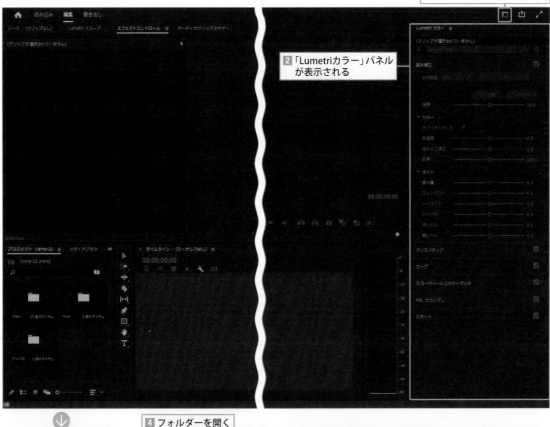

2 「Lumetriカラー」パネルが表示される

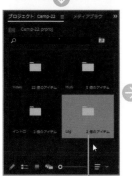

3 サンプルの「Log」フォルダーを読み込む

4 フォルダーを開く

5 データをドラッグ＆ドロップで配置する

6 シーケンスが作成される

7 「基本補正」をクリックする

8 オプションが展開される

2 「自動」で調整する

シーケンスに配置したLogデータのクリップに対して、基本補正にあるクリップ全体のカラーバランスを自動調整します。

調整前　　　　　　　　　　　　　　　　　調整後

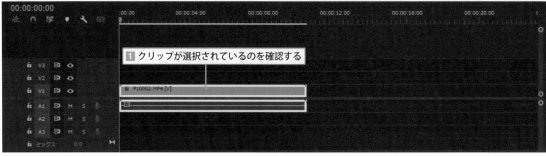

1 クリップが選択されているのを確認する

CHAPTER 8

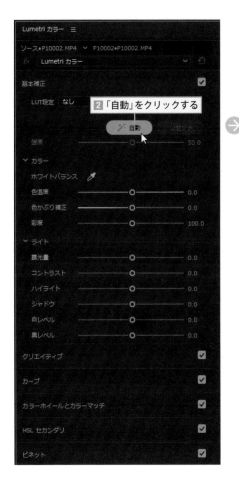

自動調整前

自動調整後

3 手動で調整する

「カラー」や「ライト」にあるオプションを手動で調整し、自動での補正をさらにブラッシュアップします。

調整前

調整後

TIPS 再生時の解像度を変更する

「プログラム」モニターには、再生時の解像度を変更するメニューがあります。デフォルトでは「1/2」と2分の1の解像度になっていますが、色補正では「フル画質」に設定しておきましょう。

自動補正直後のパラメーター設定

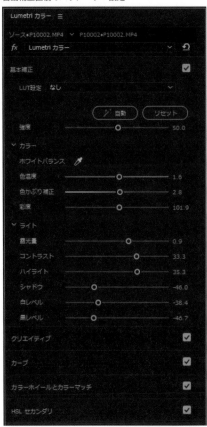

各パラメーターを調整

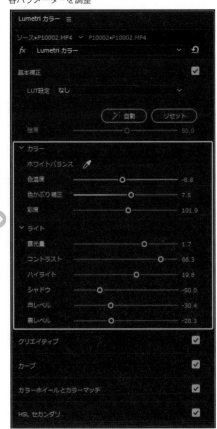

TIPS 「エフェクトコントロール」パネルでも調整可能

「Lumetriカラー」パネルでの調整は、「エフェクトコントロール」パネルでも可能です。設定できるオプションも同じものが備えられています。

4 「カーブ」で明るさとコントラストを調整

カテゴリーの「**カーブ**」にある「RGBカーブ」を利用して、クリップ全体のルミナンス（明るさ）と階調範囲（コントラスト）を調整します。

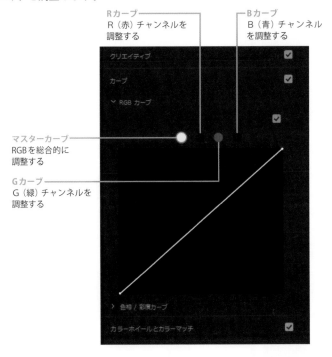

 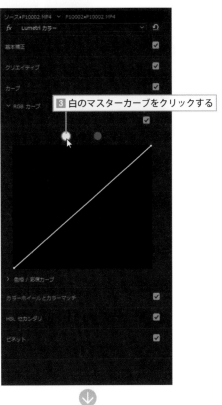

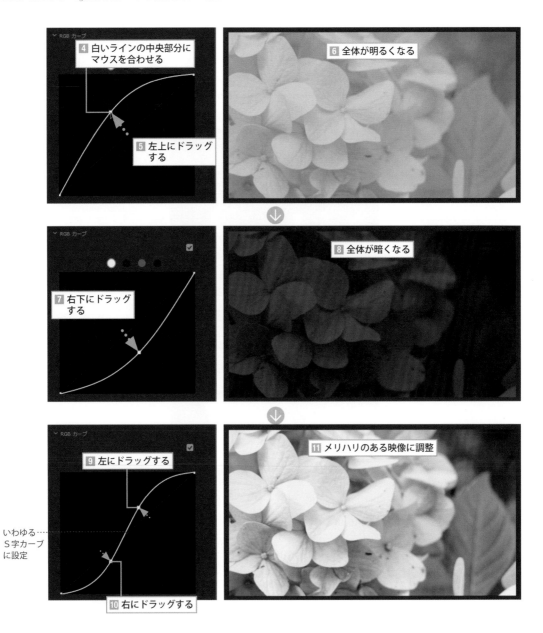

4 白いラインの中央部分に
マウスを合わせる

5 左上にドラッグ
する

6 全体が明るくなる

7 右下にドラッグ
する

8 全体が暗くなる

9 左にドラッグする

いわゆる
S字カーブ
に設定

10 右にドラッグする

11 メリハリのある映像に調整

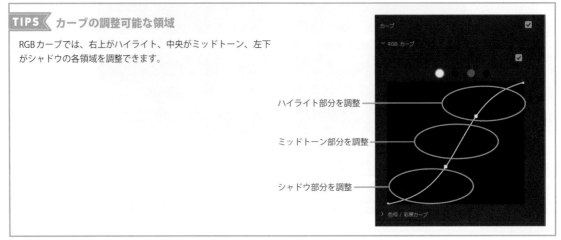

TIPS カーブの調整可能な領域

RGBカーブでは、右上がハイライト、中央がミッドトーン、左下
がシャドウの各領域を調整できます。

ハイライト部分を調整

ミッドトーン部分を調整

シャドウ部分を調整

ここでは、プロジェクトに取り込んだLogデータに対してLogデータを基本補正にある「LUT設定」を利用して、カラーコレクションする手順について解説します。

■ メーカー配布のLUTを利用する

LUTは、Premiere Proにも数種類搭載されていますが、基本的にはLogを撮影したメーカーから配布されているLUTを利用します。今回のサンプル映像は、Panasonicの一眼カメラ『LUMIX DC-GH5M2』を利用して撮影したので、PanasonicからLUTを入手し、それを利用する方法で解説します。なお、他のメーカーのLUTを利用する場合でも、操作方法は同じです。

TIPS　LUTについて

LUTは「Look Up Table」の略で、「参照テーブル」という意味です。Logデータは、アナログの光情報をLogカーブを利用してデジタル化しています。その際にLog独自の処理を行っているため、そのままでは低コントラストな状態です。その状態から、撮影したときの色に再現するための参照数値表がLUTです。

▶ LUTを入手する

Premiere ProにもLUTは搭載されていますが、搭載されていないLUTは、利用しているカメラのメーカーサイトから入手できます。主なメーカーのサイトは下記になります。今回はPanasonicの一眼カメラ『LUMIX DC-GH5M2』を利用してLog撮影を行ったので、PanasonicのLUTを利用します。

なお、LUTデータは著作権の関係でサンプルとしてご提供できないため、ダウンロードしてご利用ください。

PanasonicのLUTダウンロードサイト

ダウンロード＆解凍したLUTファイル

235

▶ LUTを適用してカラーコレクションする

　解凍して入手したLUTを利用してカラーコレクションする手順は、次のようになります。なお、LUTを適用することを「**LUTを当てる**」などと言いますが、LUTを当てるだけではなく、パラメーターを調整して仕上げる必要があります。それでも、SECTION 8-5で解説した方法よりも、簡単にカラーコレクションが行えます。

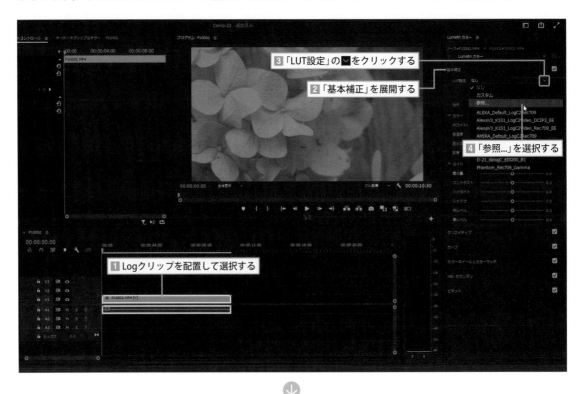

7 LUTが適用される

9 カラーコレクションが終了

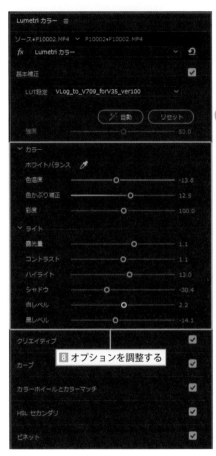

8 オプションを調整する

WBセレクターなども利用して、ホワイト
バランス調整してもかまいません。

TIPS Premiere Pro搭載のLUTを利用する

Premiere Proには、デフォルトでLUTが搭載されています。さまざまなカメラ
メーカー、カメラ機種に対応したLUTが用意されています。こうしたLUTを当
ててみると、面白い効果を楽しめます。

また、予備のLUTも搭載されています。Premiere Proのプログラムが保存され
ているフォルダー内で、次のフォルダーを辿ってください。WindowsとMacの
どちらも「Legacy」フォルダーに約80個のLUTが保存されています。この中か
ら利用したいLUTをコピーし、「Technical」フォルダーにコピーしてください。

■Windowsの場合
Adobe¥Adobe Premiere Pro¥Lumetri¥LUTs¥Legacy

■Macの場合
Adobe Premiere Pro/Contents/Lumetri/LUTs/Legacy

Legacyフォルダー内のLUT

TIPS 3次元LUT

LUTには、「1次元LUT」と「3次元LUT」があります。1次元LUTというのは、1つの入力数値に対して1つの値を出力するLUTです。
実は、1次元LUTでは変換できない色があります。これに対してRGBの3つの入力値の組み合わせに対して、RGBそれぞれの出力値の
組み合わせを参照するLUTが3次元LUTです。

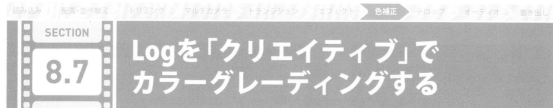

カラーコレクションが終了したLogデータは、続いてカラーグレーディングを行うことで、好みの映像タイプに仕上げることが可能です。

■「基本補正」でカラーグレーディングする

カラーコレクションを適用したLogデータに対して、基本補正にある「**色温度**」と「**色かぶり補正**」を利用して、カラーグレーディングを行ってみましょう。

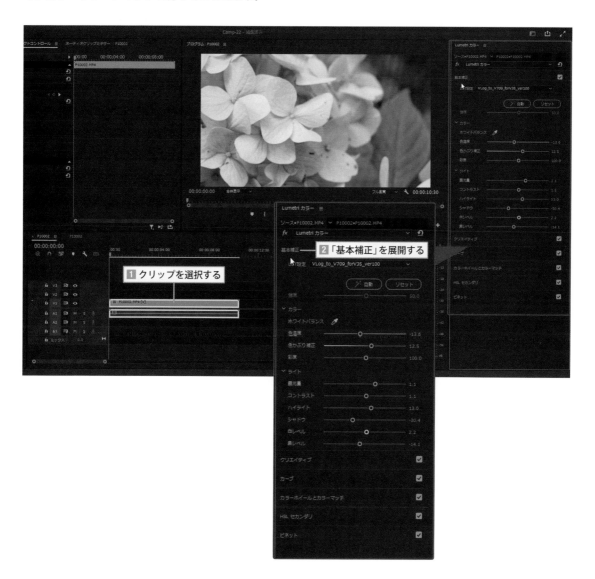

暖色系にカラーグレーディングする

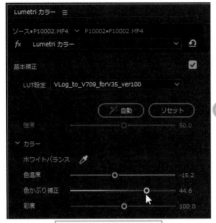

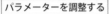
パラメーターを調整する

寒色系にカラーグレーディングする

パラメーターを調整する

■「クリエイティブ」のオプションでカラーグレーディングする

Lumetriカラーの「クリエイティブ」に「調整」というオプションがあります。これを利用してカラーグレーディングしてみましょう。

カラーグレーディング前の状態

暖色系にカラーグレーディングする

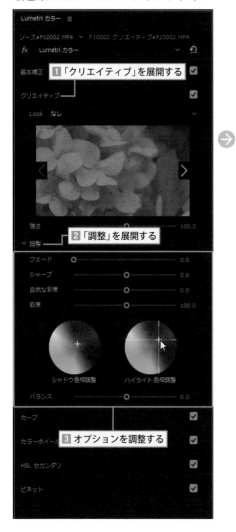

調整後

寒色系にカラーグレーディングする

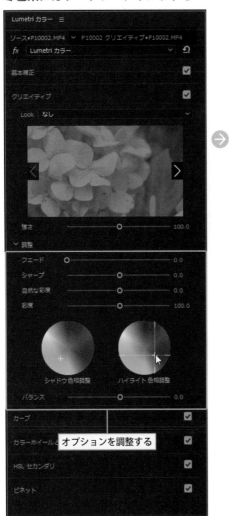

調整後

オプションを調整する

TIPS カラーホイールの初期化

カラーホイールを操作してパラメーターを調整した場合、ホイール内でマウスをダブルクリックすると、初期状態に戻せます。

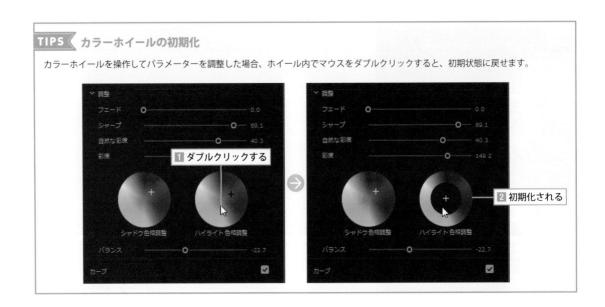

1 ダブルクリックする

2 初期化される

■ Lookでカラーグレーディングする

ビデオ編集では、映像の色味のことを「**Look**」と呼んでいますが、Lumetriカラーの「Look」機能を利用すると、簡単に映像の色味を更できます。

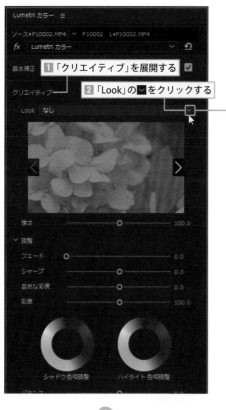
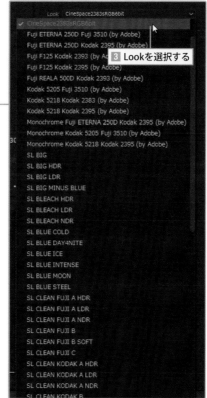

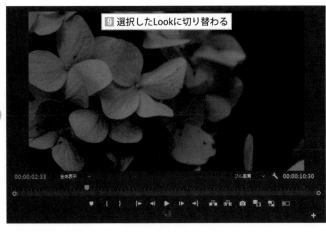

■ オリジナルLookを出力する

「基本補正」や「クリエイティブ」の各オプションを利用してカラーグレーディングした映像の色に関する設定を、オリジナルなLookとして出力してみましょう。他のLogデータにも出力したLookを適用できるようになります。

▶ Lookの保存

カラーグレーディングの終了したLogクリップから、カラー設定をLookとして出力します。

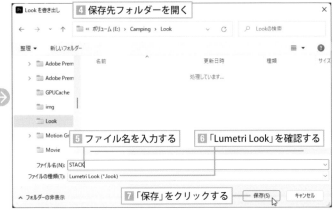

▶ Lookの適用

オリジナルなLookをLogデータに適用してみましょう。

Look適用前のLogデータ

1 「クリエイティブ」を展開する

2 「Look」の🔽クリックする

3 「カスタム」を選択する

4 Lookの保存先フォルダーを開く

5 保存したLookを選択する

6 「開く」をクリックする

7 Lookが適用される

SECTION 8.8 標準映像の色かぶりを 手動でホワイトバランス調整する

ホワイトバランスの調整は、標準映像でも可能です。たとえば、「色かぶり」と呼ばれる状態の映像をホワイトバランスの調整で色補正を行うことができます。ここでは、手動でホワイトバランス調整を行ってみましょう。

■ 色かぶりを補正する

　光や明かりの状態によって、映像が赤味がかったり青味がかったりする場合があります。このような状態を「**色かぶり**」といいますが、これらはホワイトバランスによって調整します。

　なお、サンプルデータは、フォルダー名「White」に保存してあります。

青かぶり状態の映像　　　　　　　　　　　　　　　　ホワイトバランスで色かぶりを補正

　なお、「基本補正」にある「自動」ではホワイトバランスがうまく補正されないので、「ホワイトバランス」スポイトを利用して手動で調整します。

「自動」実行前　　　　　　　　　　　　　　　　　　「自動」実行後

1 「カラー」に切り替える

5 シーケンスが登録される

3 シーケンスが作成される

4 配置されるので選択状態にする

2 ドラッグ＆ドロップする

6 「基本補正」を展開する

7 スポイトをクリックする

8 白く表示したい位置でクリックする

9 ホワイトバランスが調整される

CHAPTER 8

247

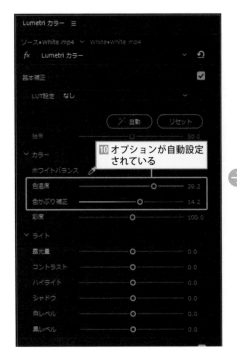

10 オプションが自動設定
されている

11 「カラー」「ライト」
のオプションを調整
する

TIPS **LUTとGamut（色域）**

「**Gamut**」（ガマット）は「カラーモード」とも呼ばれ、「**色域**」のことを指しています。色域というのは映像が表現できる色の範囲のことで、カラーグレーディングには重要な要素となっています。GamutもLog同様にカメラメーカーによって独自のGamutがあり、たとえばSonyはS-Gamut、PanasonicはV-Gamutなどがあります。

Log撮影を行う際には、Gamutも同時に適用されていて、とくにLUTを当てる際に撮影時と同じGamutを利用しないと、きちんと色が再現されません。なお、LUTデータは、Gamutを組み込んだ形で組み込まれているため、どのLUTを当てるかが重要です。

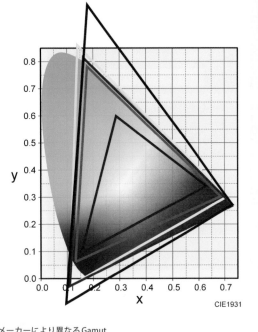

メーカーにより異なるGamut

TIPS Lumetriスコープを利用する

「Lumetriスコープ」パネルを利用すると、視覚的に色や明るさの情報を確認しながらカラーコレクション、カラーグレーディングが可能になります。
各スコープの使い方についてはページ数の都合上解説できませんが、スコープの種類と簡単な操作手順をご紹介しておきます。

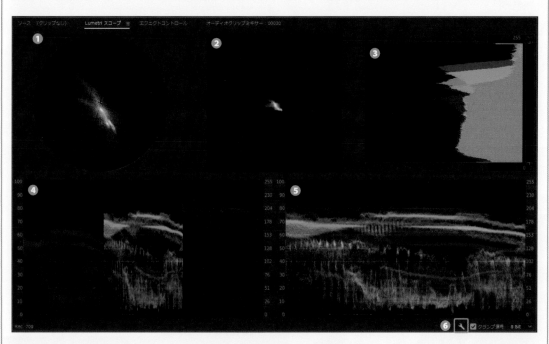

❶ ベクトルスコープ（HLS）：映像内の色相（H）、彩度（L）と輝度（S）を測定・表示したモニター
❷ ベクトルスコープ（YUV）：輝度信号（Y）（明るさ）と、青色成分の差分信号（U）、赤色成分の差分信号（V）の3要素を表示したモニター
❸ ヒストグラム：縦軸の照度に分布されているカラーピクセル数をグラフで表示
❹ パレード（RGB）：赤（R）・緑（G）・青（B）のレベルを波形で表示したモニター
❺ 波形（RGB）：パレードの3つのRGBを1つに重ねたモニター。完全に重なっている部分は白で表現され、白とびを確認するために利用される
❻ スコープメニューを表示する

「パレード」を利用して色を補正した状態です。明るさやコントラストを調整し、縦軸の輝度の0～100の間に、なるべく均等に表示されるように調整してみたところです。

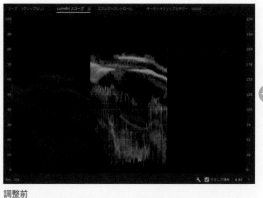

調整前　　　　　　　　　　　　　　　　　　　　　　　　調整後

SECTION

8.9 カーブで別の色に変更する

「Lumetriカラー」パネルのカテゴリーには、エフェクトとして利用できるカテゴリーもあります。ここでは、「カーブ」の「色相／彩度カーブ」を利用して、特定の色を別の色に変更する方法について解説します。

■「色相／彩度カーブ」で特定の色を変更する

「Lumetriカラー」パネルのカテゴリー「カーブ」にある「**色相／彩度カーブ**」では、色相、彩度、輝度という3つの要素を利用し、**色を自在に加工する**ことができます。たとえば、「色相vs色相」を利用すると、指定した特定の色を別の色に変更することができます。

変更前

変更後

1 Logをカラーコレクションする

Logデータをカラーコレクションし、正しい色で表示させておきます。

カラーコレクション前のLogデータ

250

3 カラーコレクション後のLogデータ

1 「基本補正」を展開する

2 LUTなどを利用してオプションを調整する

2 「色相vs色相」で色相を変更する

「カーブ」をクリックして展開し、「色相vs色相」で色を変更する操作を行います。

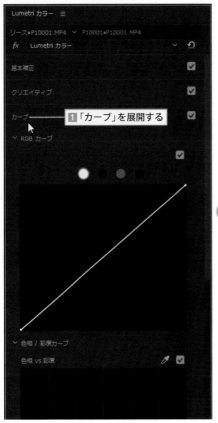

1 「カーブ」を展開する

2 スライダーをドラッグする

3 「色相vs色相」を確認する

4 スポイトをクリックする

5 変更したい色の部分でクリックする

↓

6 選択した色がピックアップされcoント
ロールポイントが3点表示される

→

7 中央のポイントを上にドラッグする

8 縦のラインのうち、中央のポイントが置かれている位置の色が選択され、変更される

↙

9 縦のラインの色が反映される

→

10 中央のポイントを下にドラッグする

11 **8**とは色相違いの縦のラインの色が選択される

↓

POINT

3つのポイントのうち、左右のポイントを上下左右にドラッグすると、適用する色の範囲を変更できます。この場合、注意しないとターゲット以外の被写体の色も変更されてしまう可能性があります。

TIPS 「＊vs＊」の意味

「色相vs色相」で使われている「vs」は「versus」の略で、「対して、比較して」などの意味があります。しかし、ここでは、「〜を利用して〜を変更する」と使うとわかりやすいです。
たとえば「色相vs色相」は、「色相を利用して色相を変更する」という意味になります。また「色相vs輝度」では、「色相を利用して輝度を変更する」となります。

12 縦のラインの色が反映される

そもそもHDRって何？

動画のファイル形式で最近注目されているのが、「HDR」です。HDRは「High Dynamic Range」の略で、「広いダイナミックレンジで撮影できる規格」です。ダイナミックレンジについては220ページで解説していますが、Logデータ同様に、ダイナミックレンジが広いことによって白飛びや黒つぶれなどで明るい部分や暗い部分の階調を失うことなく、双方を同時に撮影できるということです。

▶ LogとHDRの違い

Logデータもダイナミックレンジが広いのですが、では、**LogとHDRの違い**って何なのでしょうね？　あるいは同じもの？　基本的な規格としては、LogとHDRとでは大きな違いがありません。でも、唯一異なるのが、「色域」です。この違いが大きいのです。

Logは、カメラメーカーによってさまざまな規格が用意されています。また、同じメーカーでも、数種類のLog規格があります。たとえば、SONYのLogであるS-Logには、「S-Log2」と「S-Log3」規格があります。それに対して、HDRには国際規格が定められています。

筆者としてはLogとHDRとを分けて考えるのではなく、次のように捉えています。これが正しいということではなく、このように考えると理解しやすいということです。

> **LogはHDRのグループで、HDRの国際規格を自社なりにカスタマイズした独自のHDR規格**

FHD対応の国際規格　　HDR対応の国際規格

	BT.709 FHD	BT.2020 4K/8K	BT.2100 4K/8K、HDR
解像度	FHD	4K、8K	HD、4K、8K
ビット深度	8bit	10または12bit	10または12bit
フレームレート	最大60p	最大120p	最大120p
色域	Rec.709	Rec.2020	Rec.2020
輝度（ダイナミックレンジ）	SDR	SDR	HDR

TIPS　BT.2020とRec.2020の違い

表では、「Rec.2020」や「BT.2020」など同じような用語が使われていますね。実はこれ、別のものです。双方ともよく似ているので、その違いをしっかりと確認しておきましょう。

■「BT.***」は規格**
「BT.2020」など「BT.*****」は、放送のための国際規格のことを意味しています。たとえば「BT.2020」は、解像度が4K、8Kで、色域にRec.2020を利用している、放送のための国際規格ということです。

■「Rec.***」は色域**
「Rec.2020」や「Rec.709」などの「Rec.*****」は、色域のことを意味しています。色域については、248ページの図で確認してください。

① 解像度

「**解像度**」は、15ページで解説したとおりフレームサイズのことで、たとえばFHD（フルハイビジョン）の解像度は1920×1080であり、4K UHDは3840×2160、8K（スーパーハイビジョン）は7680×4320となります。

② ビット深度

「**ビット深度**」は、1画素が表示できる色の数のことを表しています。ビット深度が高いと多くの色を表示でき、自然で滑らかなグラデーションが表現できます。たとえばビット深度が8 bitの場合は約1677万色が表現でき、10bitの場合は、約10億7374万色が表現できます。HDRは、10bitまたは12bitのビット深度であることと規定されています。

なお、本書で利用しているサンプルのLogデータも、ビット深度は10bitです。

③ フレームレート

1秒間に何枚のフレームを表示するかが「**フレームレート**」ですが、フレームレートが多いほど滑らかな動きを表示できます。テレビやハイビジョン映像では、30p（30p=60i）が標準ですが、HDRでは、120pまでのフレームレートをサポートしています。

TIPS 「fps」と「p」「i」について

フレームレートについて表記する場合、たとえば「29.97fps」と表記する場合と、「30p」、「60i」というように表記する場合があります。この場合、fpsは「frame per second」の略で、1秒間に表示するフレームの数を表す単位のことを指しています。これに対して、「p」は「progressive」、「i」は「interlace」と、映像を表示する走査線方式のことを指しています。

---

④ 色域

「**色域**」は表現できる色の範囲を示します。

フルハイビジョン放送では、表示すべき色の範囲が「Rec.709」（Recは「Recommendationの略：勧告」）として策定されています。これに対して4K、8K放送では、「Rec.2020」が策定されています。

それぞれの色域の違いは、「xy色度図」と呼ばれるグラフを利用して比較すると、その違いがよくわかります。図の三角形で囲まれた部分が大きいほど、より豊かな色彩を表現できます。

Rec.2020は、ハイビジョンのRec.709より広い範囲の色を表現できることがわかります。

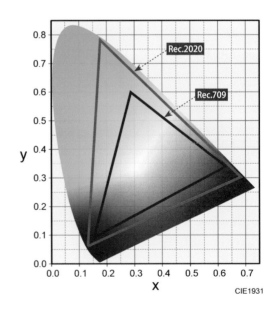

CIE1931

POINT

「xy色度図」は1931年にCIE（国際照明委員会）に標準表色系として認証された色の表し方で、「CIE1931」とも呼ばれています。光の三原色のRGBの混色によって色覚できる色を「等色関数」として数値化し、これを利用してグラフ化したものが「xy色度図」です。人間の目が知覚できるRGB情報を、2次元の平面上に再現しています。

⑤ **輝度**

「**輝度**」は、映像で表現できる明るさの範囲のことを指します。

人間の目が知覚できる**明るさの範囲**（ダイナミックレンジ）は、10^{12}といわれています。これに対して、従来の表示デバイスでは10^3までの範囲しか表示できませんでした。

しかし、ダイナミックレンジを広げることで10^5、つまり従来の100倍もの明るさを表現できるようになり、肉眼で見る景色に近い陰影を映し出せます。

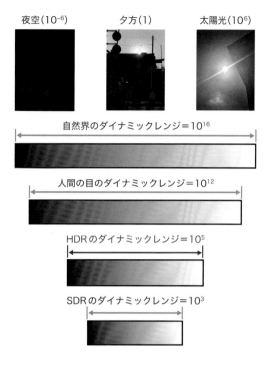

2種類のHDR規格

現在のHDRには、「PQ方式」と「HLG方式」という2種類のタイプがあります。PQ方式はカラーグレーディングが必要なタイプで、HLG方式はカラーグレーディングを必要としません。したがって、撮影してすぐに利用できます。

▶ PQ方式はカラーグレーディングが必要

「**PQ**（Parceptual Quantizer）」は、撮影後のカラーグレーディングが必要になるHDR方式で、ビット深度も10bitや12bitを必要とし、最高輝度10,000cd/m²（カンデラ毎平方メートル）まで対応しています。このため再現力が非常に高く、映画や配信動画などでの利用に適しています。なお、映像の表示にはPQ対応のモニターが必要になります。

▶ HLG方式はカラーグレーディングが不要

「**HLG**（Hyblid Log Ganma）」方式で撮影された映像はカラーグレーディングの必要がなく、HDR対応ディスプレイでは高い再現性を示し、SDR（標準ダイナミックレンジ）のディスプレイもそれに応じた再現ができます。

最高輝度は1,000cd/m²、ビット深度も10bit以上と規定されていますが、最も多く使われているSDR対応のモニターでも表示が可能なことや、全体のデータ量が少ないこと、さらにカラーグレーディングの必要がないことなどから、通常のスタジオ放送やライブ中継などでの用途が中心とされています。

■ HDR編集に必要なもの

こうしたHDRの特徴を見ると、即座にすべての映像をHDR化したいところですが、HDR編集を行うには編集環境を整える必要があります。撮影を行うビデオカメラがHDR対応な事はもちろんですが、映像の出力やモニターなどもHDR対応にする必要があります。とくに、モニターは重要です。

▶ HDR対応のモニター

現在、みなさんが利用されているモニターは大半がSDRと呼ばれるタイプのもので、Rec.709に対応した製品です。しかし、HDR編集を行うには、Rec.2020に対応している必要があります。また、輝度もHDRの性能を発揮できるように1,000cd/m²の表示が可能で、ビット深度も10bit以上表示できることが必須条件です。ただ、こうした性能を備えた製品は非常に高価なのが現状です。

また、パソコンからHDR専用モニターに映像を出力する際にも、HDRの規格をきちんと出力できるビデオ機能が必要になります。

もちろん、Premiere ProはHDR編集に対応していますが、こうしたハードウェア環境を整える必要があることから、HDR編集の壁が高いのも事実です。

しかし、高画質化の傾向／要求が強まることやカメラ側でのHDRへの対応が急速に進行していることから、廉価版HDR対応モニターなども徐々に登場してきています。こうした傾向がさらに進めば、動画のスタンダード形式になることは間違いないでしょう。

テロップを編集する

SECTION 9.1 「キャプションとグラフィック」ワークスペースに切り替える

ここでは、Premiere Proでテロップを作成するときに利用するエッセンシャルグラフィックスと、そのパネルを効果的に利用するためのワークスペースについて解説します。

■ ワークスペースを「キャプションとグラフィック」に切り替える

テロップの作成は、通常の「編集」ワークスペースでも可能ですが、操作性の良さから「**キャプションとグラフィック**」**ワークスペース**がおすすめです。

ワークスペースを切り替えてみましょう。切り替えると、「**エッセンシャルグラフィックス**」**パネル**が表示されます。

切り替え前

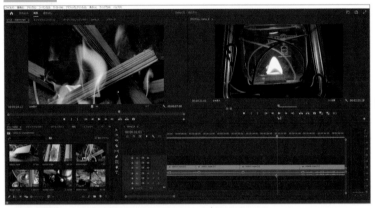

1 「ワークスペース」をクリックする

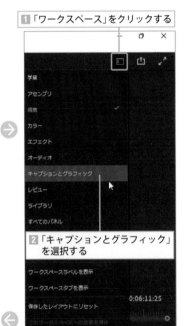

2 「キャプションとグラフィック」を選択する

3 ワークスペースが切り替わる

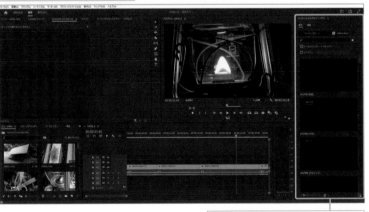

4 「エッセンシャルグラフィックス」パネルが表示される

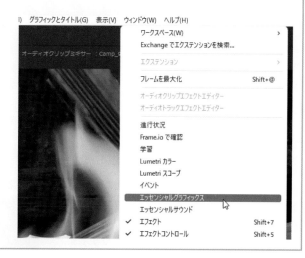

TIPS **ウィンドウメニューから表示する**

「エッセンシャルグラフィックス」パネルは、「編集」ワーク
スペースでも表示できます。メニューバーから「ウィンド
ウ」→「エッセンシャルグラフィックス」を選択して表示で
きます。
ただし、ツールパネルの表示位置やモニターのサイズなど
の都合で、「キャプションとグラフィック」ワークスペース
で表示させたほうが作業しやすくなります。

■「エッセンシャルグラフィックス」パネルの機能

「エッセンシャルグラフィックス」パネル
は、次のような機能で構成されています。
　テキストを入力すると、自動的に「編集」
タブに切り替わります。

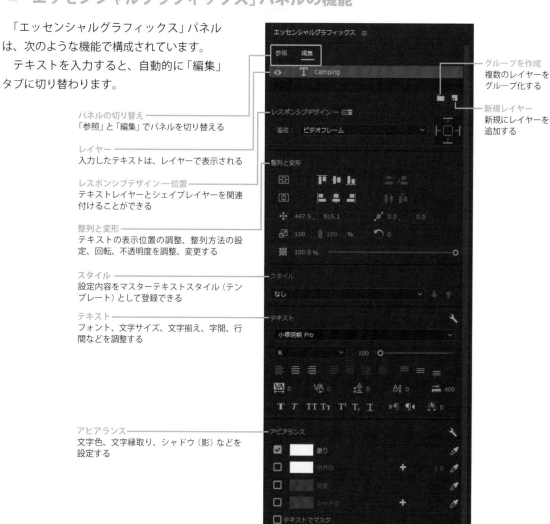

パネルの切り替え
「参照」と「編集」でパネルを切り替える

レイヤー
入力したテキストは、レイヤーで表示される

レスポンシブデザイン ― 位置
テキストレイヤーとシェイプレイヤーを関連
付けることができる

整列と変形
テキストの表示位置の調整、整列方法の設
定、回転、不透明度を調整、変更する

スタイル
設定内容をマスターテキストスタイル（テン
プレート）として登録できる

テキスト
フォント、文字サイズ、文字揃え、字間、行
間などを調整する

アピアランス
文字色、文字縁取り、シャドウ（影）などを
設定する

グループを作成
複数のレイヤーを
グループ化する

新規レイヤー
新規にレイヤーを
追加する

259

SECTION 9.2 メインタイトル用のテキストを入力する

ここでは、テロップとしてメインタイトルを作成します。最初に、タイトル用のテキストを入力する手順を解説します。エッセンシャルグラフィックスは「編集」パネルを利用します。

■ テキストを入力する

メインタイトル用のテキストを入力してみましょう。テキストは、「プログラム」モニター上で入力します。

このSECTIONでは画面のようなメインタイトルを作成しますが、そのための**テキストを入力**します。

作成するメインタイトル

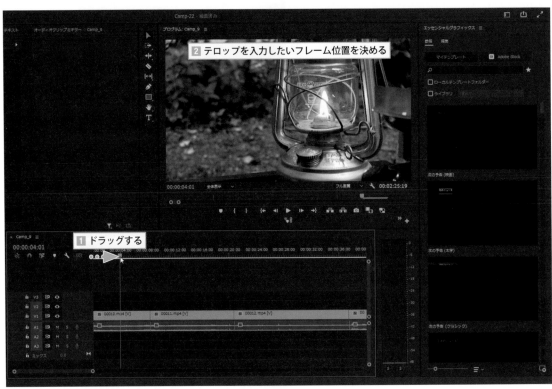

CHAPTER 9

3 長押しする

4 「横書き文字ツール」を選択する

5 テキストを入力したい位置でクリックする

6 赤い枠が表示される

7 テキストクリップが配置される

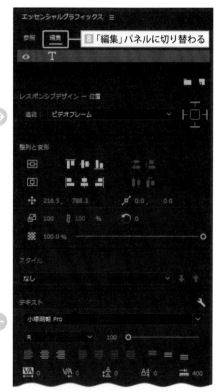

8 「編集」パネルに切り替わる

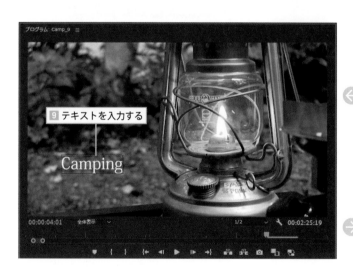

9 テキストを入力する

Camping

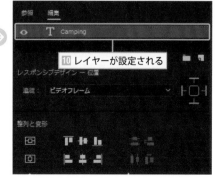

10 レイヤーが設定される

TIPS 前回の設定が反映される

別の箇所でもテロップを入力すると、直前に設定したフォントや文字色などが引き継がれて反映されます。

261

SECTION 9.3 フォントを変更する

テキストを入力したら、最初にフォントを変更します。初期設定では「小塚明朝 Pro」に設定されているケースが多いので、自由に変更しましょう。

■ フォントを変更する

　フォントの変更は、エッセンシャルグラフィックスの「テキスト」オプションで行います。なお、テキストを入力した直後は入力モードに設定されています。このモードではフォントを変更できないので、選択モードに変更します。

1 クリップが選択されているのを確認する

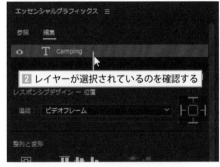

2 レイヤーが選択されているのを確認する

3 「選択」ツールをクリックする

4 青い枠（バウンディングボックス）に変わる

5 ∨をクリックする

6 スライダーをドラッグする

7 フォントを選択する

9 フォントが反映される

8 選択したフォント

▶ フォントのスタイル変更

　フォントによっては、「**スタイル**」と呼ばれるフォントの太さなどを選択できるタイプがあります。画面で選択した「Segoe UI Variable」も、複数のスタイルを備えています。

SECTION
9.4

フォントサイズ（文字サイズ）を変更する

フォントのサイズ変更も、フォント変更と同じ「テキスト」オプションで行います。なお、フォントサイズの変更も、選択モードで行います。

■ フォントサイズを変更する

フォントサイズの変更は、エッセンシャルグラフィックスの「テキスト」オプションで操作します。なお、フォントサイズの変更には数値を入力する方法と、スライダーで視覚的に確認できる2つの方法があります。

▶ 数値で変更する

数値でフォントサイズを変更する場合は、デフォルトで「100」と表示されている数値を変更します。
クリックしてキーボードから入力しても大丈夫ですが、スクラブ操作で変更したほうがスマートです。

TIPS スクラブ操作

Adobeのアプリケーションでは数値にマウスを合わせるとマウスの形が変わり、この状態で左右にドラッグすると数値を変更できます。この操作を「**スクラブ**」と呼んでいます。

TIPS キーボードで数値を変更する

マウスで数値をクリックして選択状態にし、キーボードから数値を入力してEnterキーを押すと、指定した数値に変更できます。

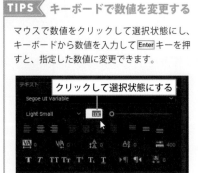

▶ スライダーで変更する

「フォントサイズ」という数値の右にスライダーがあります。このスライダーをドラッグしても、フォントサイズを変更できます。
視覚的にサイズを確認しながら、スピーディーに変更したいときに便利です。

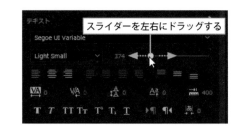

SECTION

9.5

テキストの表示位置を変更する

入力したテキストのフレーム内での位置を変更してみましょう。座標数値を変更する方法と、テキストを直接ドラッグして変更する方法があります。

CHAPTER 9

■ テキストの位置を変更する方法

フレーム内に入力したテキストの表示位置を変更するには、エッセンシャルグラフィックスで座標数値を変更する方法と、「プログラム」モニター上でテキストを直接ドラッグして変更する方法があります。

▶ 座標数値を変更して調整する

フレーム内でのテキストの表示位置は、座標によって決められます。座標には、横軸のX軸、縦軸のY軸の2つの値が割り当てられています。

X座標 Y座標

265

▶ ドラッグで変更する

テキストを入力した直後は、入力モードに設定されています。これを選択モードに変更すると、「プログラム」モニターでドラッグして表示位置を変更できます。

TIPS　テキストの選択モードとバウンディングボックス

テキストが入力モードの場合は、テキストの回りに赤い枠が表示されます。
これに対して、テキストが選択モードで選択状態のときには、テキストの回りに青いラインと白い○（ハンドル）が表示されます。この枠を「バウンディングボックス」と呼びます。

テキストが
入力モード

選択モードでは
バウンディング
ボックスが表示
される

SECTION 9.6 文字色を変更する

テキストの色は、デフォルトでは白に設定されています。この色を自由に変更してみましょう。
操作は、エッセンシャルグラフィックスの「アピアランス」で行います。

■ テキストの色を選択する

　テキストの色は、エッセンシャルグラフィックスの「**アピアランス**」カテゴリーにある「**塗り**」オプションで変更します。

POINT
「アピアランス」(appearance) には「外観、容貌、体裁」といった意味があります。

1 テキストを選択する

2 「塗り」のカラーボックスをクリックする

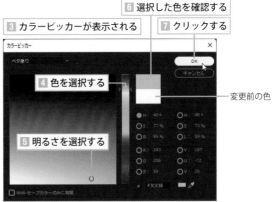

6 選択した色を確認する

3 カラーピッカーが表示される

7 クリックする

4 色を選択する

5 明るさを選択する

変更前の色

8 色が反映される

TIPS グラデーションを設定する

カラーピッカーの左上にある「塗りオプション」では、グラデーションが選択設定できます。

グラデーションを設定したオプションパネル

SECTION 9.7 テキストにストロークを設定する

テキストに設定する「ストローク」とは、「縁取り」のことです。必ずしも必要な効果ではありませんが、テキストを目立たせたいときには有効です。

■ 縁取りの設定

テキストにストロークを設定すると、文字を縁取ることができます。

ストロークの設定前

1 テキストを選択する

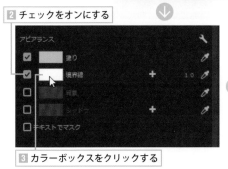

2 チェックをオンにする

3 カラーボックスをクリックする

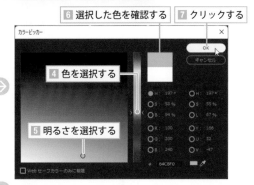

6 選択した色を確認する　7 クリックする

4 色を選択する

5 明るさを選択する

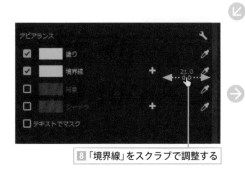

8 「境界線」をスクラブで調整する

9 ストロークが設定される

269

SECTION
9.8
テキストにシャドウを設定する

テキストにドロップシャドウなどの「影」を設定してみましょう。この影も、ストローク同様に必ずしも必要な機能ではありませんが、テキストを目立たせるための効果的なエフェクトの1つです。

■ シャドウは色がポイント

シャドウを有効にすると、オプション設定が表示されます。このオプションの設定が重要ですが、シャドウの色はデフォルトで「グレー」に設定されています。

ここでは、「ブラック」に色を設定してシャドウを設定してみましょう。

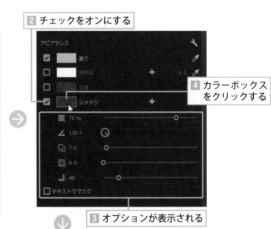

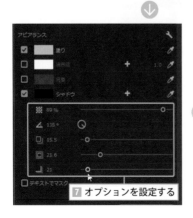

SECTION

9.9

デュレーションを変更する

シーケンスに自動配置されたテキストのクリップは、デュレーション（再生時間）が5秒で設定されています。このデュレーションを調整してみましょう。

■ デュレーション変更はトリミングの要領で

シーケンスでの**デュレーションの調整**は、ビデオクリップで行ったトリミングの要領で行います。
テキストのクリップも、ビデオクリップと同様にトリミングでデュレーションを調整します。

デザインをスタイル登録して利用する

エッセンシャルグラフィックスで設定したデザインを「テキストスタイル」として設定すると、テンプレートとして登録され、他のテキストに対しても同じデザインを適用できます。

■ テキストスタイルの登録と適用

「プログラム」モニターで入力したテキストに対して設定したデザインは、「**テキストスタイル**」として名前を付けて登録できます。登録したテキストスタイルは、エッセンシャルグラフィックスのテンプレートとして登録され、他のテキストに同じスタイル（デザイン）を適用できます。

▶ テキストスタイルの登録

テキストに対して設定した内容を、テキストスタイルとして登録します。

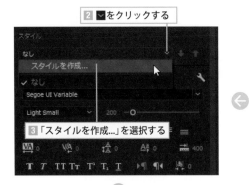

▶ **登録したスタイルを適用する**

他のプロジェクトなどで入力したテキストに対して、登録したスタイルを適用します。

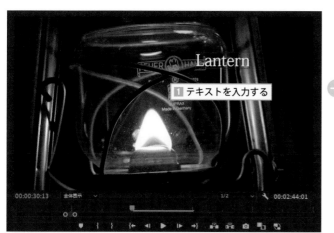

2 ∨をクリックする

3 登録したスタイルを選択する

4 スタイルが適用される

POINT

スタイルの適用は、テキストを入力した直後の入力モードでも適用できます。

TIPS クリップを適用する

「プロジェクト」パネルに登録されたテキストスタイルのクリップを、シーケンスのテキストクリップにドラッグ＆ドロップしても、スタイルを適用できます。

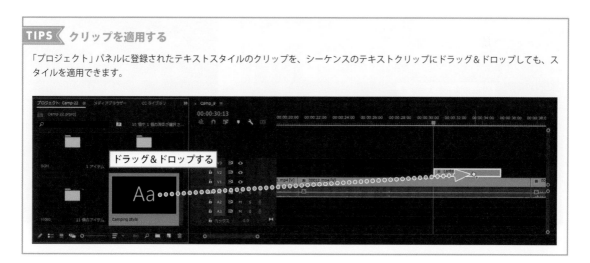

ドラッグ＆ドロップする

CHAPTER 9

シェイプレイヤーを利用する

SECTION 9.11

エッセンシャルグラフィックスでシェイプレイヤーを利用すると、たとえばテキストの後ろに「座布団」と呼ばれている効果を設定できます。

■ シェイプレイヤーと組み合わせる

ツールパネルの「長方形ツール」など**シェイプ**（図形）を作成するためのツールをテキストと併用すると、下図のような図形をテキストの背景に配置できます。このような効果を、動画編集では「座布団」などと呼びます。

シェイプを利用したテロップ

シェイプにグラデーションを設定したテロップ

▶ シェイプを利用したテロップを作る

ここでは、いわゆる座布団を利用したテロップの作成方法について解説します。

2 クリック（長押し）する
3 「長方形ツール」を選択する
1 テキストを入力する

4 ドラッグして長方形を描く

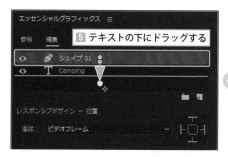

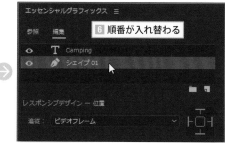

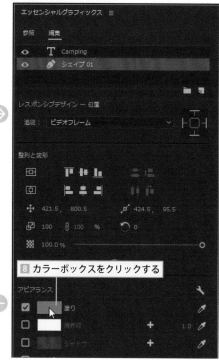

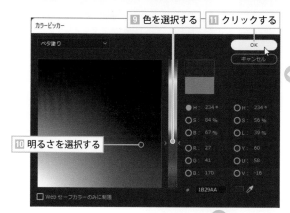

275

▶ シェイプにグラデーションを設定したテロップを作る

　ここでは、背景のシェイプに**グラデーションを設定する**方法について解説します。SECTION 9.11で作成した
シェイプをそのまま利用して、グラデーションに変更します。

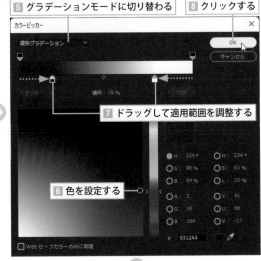

▶ グラデーションをカスタマイズする

グラデーションを単色に変更し、さらに透明度を調整して徐々にフェードアウトするグラデーションを設定してみましょう。

1 シェイプを選択する

2 カラーボックスをクリックする

3 「カラー分岐点」をクリックする

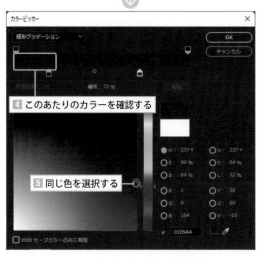

4 このあたりのカラーを確認する

5 同じ色を選択する

6 「不透明度の分岐点」をクリックする　　8 クリックする

7 スクラブで「0%」に変更する

10 テキストのないところでクリックする

9 フェードアウトするグラデーションが設定される

11 選択が解除される

CHAPTER 9

▶ グラデーションの方向を変える

　線形グラデーションは、デフォルトでは横方向に設定されています。これを**縦方向のグラデーションに変更**してみましょう。

POINT

グラデーションガイドの◼をドラッグすると、
グラデーション効果の範囲を調整できます。

TIPS テキストクリップにトランジションを設定する

シーケンスに配置されたテキストのクリップには、先端と終端にビデオトランジションの「クロスディゾルブ」を設定してください。
タイトルテキストが効果的にフェードイン／フェードアウトします。

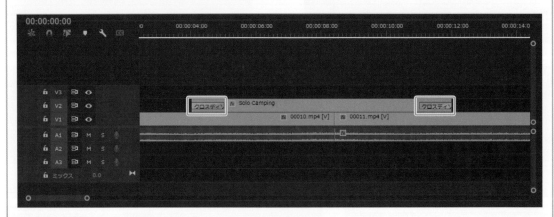

SECTION

9.12 レスポンシブデザインを利用する

エッセンシャルグラフィックスで作成したタイトルとシェイプをレスポンシブデザインとして関連付けると、テキストの文字数に応じて、シェイプサイズが自動変更されます。

■ レスポンシブデザインを利用したテロップ作成

　シェイプを「座布団」として利用した場合、テロップの作成後にテキスト文字数を変更すると、シェイプの変更も必要になります。

　しかし、**レスポンシブデザイン**を利用すれば、テキストの追加削除に応じて、シェイプのサイズも自動的に変更されます。

レスポンシブ未適用

レスポンシブ適用

▶ レスポンシブデザインを有効にする

テキストレイヤーとシェイプレイヤーで作成したテロップに対して、シェイプレイヤーにレスポンシブデザインを設定してみましょう。

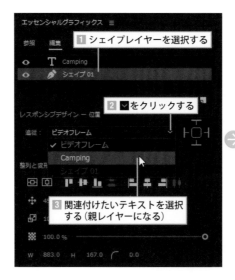
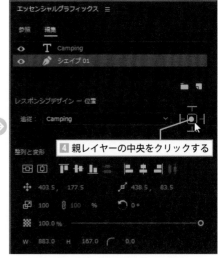

▶ テキストを入力する

シェイプにレスポンシブデザインを有効設定したテロップに対して、文字を入力してみましょう。

TIPS テキストやシェイプの整列と分布

これまでテキストやシェイプは、1つのレイヤーの中での整列や分布は可能でしたが、オプションの「整列と変形」が機能アップされ、複数のレイヤーに対しても整列や分布が可能です。

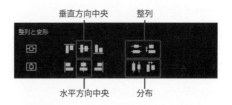

■ **テキストをフレーム中央に表示する**
テキストをフレームの中央に表示したいときは、「垂直方向中央」と「水平方向中央」で**フレームの中央に表示させる**のは、これまでも可能でした。

垂直方向中央

水平方向中央

■ **複数のテキストとシェイプを整列・分布**
現在のバージョンでは、テキストとシェイプのレイヤーを複数選択し、まとめて整列／分布できます。

SECTION 9.13 テロップのテンプレートを利用する

エッセンシャルグラフィックスには、テキストにアニメーションなどが設定されたテンプレートが搭載されています。ここでは、テンプレートの基本的な利用方法について解説します。

■ テンプレートを利用する

エッセンシャルグラフィックスには、多くの**テロップ用テンプレート**が搭載されています。
ここでは、その1つを利用してみましょう。

▶ テンプレートをシーケンスに配置する

エッセンシャルグラフィックスからテンプレートを選択し、
シーケンスに配置します。

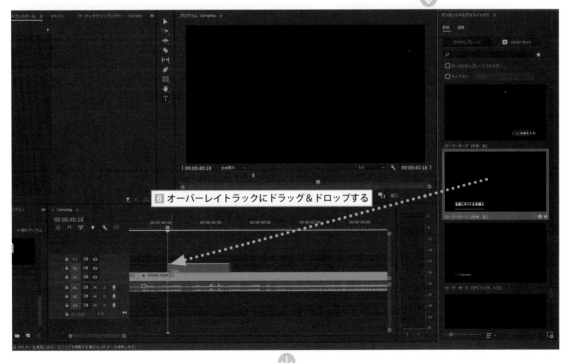

CHAPTER 9

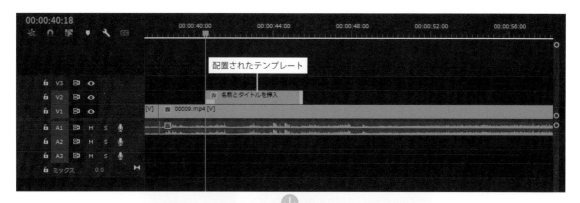

▶ **テキストを修正する**

テンプレートにはデフォルトでテキストが設定されているので、これを修正します。

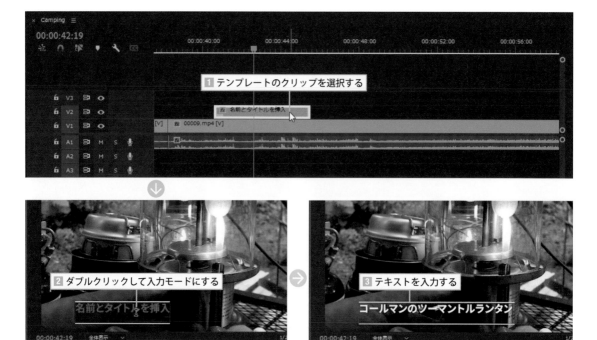

テキストをアニメーションさせる

SECTION 9.14

入力したテロップに「動き」(モーション) を設定すると、テキストをアニメーションできます。ここでは、テキストにモーションを設定する方法について解説します。

■ テキストにアニメーションを設定する

ここでは、次のようなテキストのアニメーションを作成します。なお、このアニメーションでは「マスク」を併用しています。

エフェクトでのアニメーションと同様、以下の5つのポイントを守れば、テキストにもアニメーションを設定することができます。

この順番にしたがって、テキストアニメーションを作成してみましょう。

▶ テキストにマスクを設定する

アニメーションに必要なテキストを入力してマスクを設定したら、マスク内にテキストが表示されるように位置を調整します。

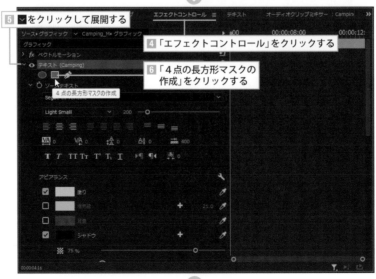

1 アニメーション開始の時間を決める

マスクを設定したら、最初に『アニメーションのお約束❶』にあるアニメーション開始の時間を決めます。

2 アニメーション開始の位置を決める

『アニメーションのお約束❷』のテキストがアニメーションを開始する位置を決めます。
ここでは、マスクの外にテキストを移動します。

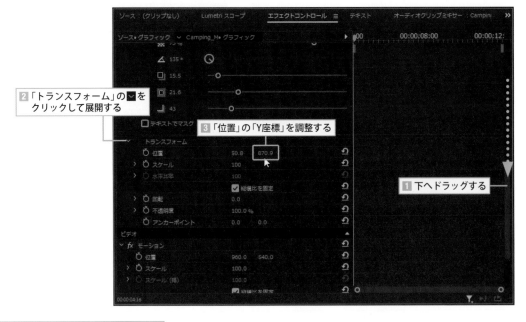

② 「トランスフォーム」の▾を
クリックして展開する

③ 「位置」の「Y座標」を調整する

① 下へドラッグする

4 テキストが消える位置までY座標を調整する

3 アニメーション機能をオンにする

『アニメーションのお約束❸』のアニメーショ
ン機能をオンにします。オブジェクトに対し
てのアニメーションは、アニメーション機能
をオンにすることで有効になります。

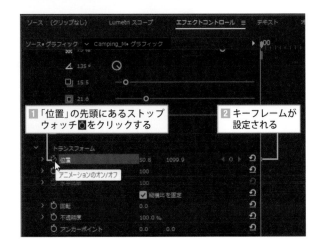

① 「位置」の先頭にあるストップ
ウォッチ⬛をクリックする

② キーフレームが
設定される

アニメーションのオン/オフ

4 アニメーション終了の時間を決める

『アニメーションのお約束❹』のアニメーションの終了時間を決めます。
終了時間は、タイムラインの再生ヘッドをドラッグして決めます。

1 再生ヘッドを
ドラッグする

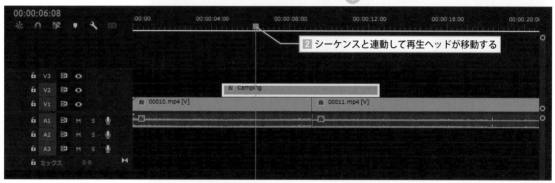

2 シーケンスと連動して再生ヘッドが移動する

5 アニメーション終了の位置を決める

トランスフォームにある「位置」のX座標を調整し、マスク内にテキストを表示させます。

1 X座標を調整する

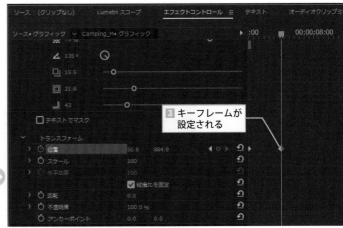

▶ **アニメーションを確認する**

設定したアニメーションを確認します。

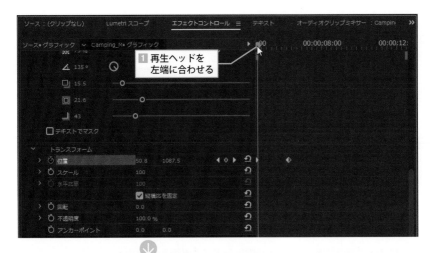

TIPS **モーションをテンプレートとして登録・利用する**

設定したテキストアニメーションは、272ページの方法でテンプレートとして登録し、273ページの方法で他のテキストに対して適用できます。

SECTION

9.15

ロールタイトルを設定する

ここでは、「ロールタイトル」の作成方法について解説します。ロールタイトルは、ムービーの最後に画面下から上にロールアップするテロップで、一般的に「エンドロール」や「スタッフロール」とも呼ばれています。

■ ロールタイトルを作成する

ムービーの最後にスタッフの一覧などを表示する「**ロールタイトル**」を作成してみましょう。

▶ テキストを入力する

ロールタイトル用テロップのテキストを入力します。この場合、複数行のテキストを入力します。

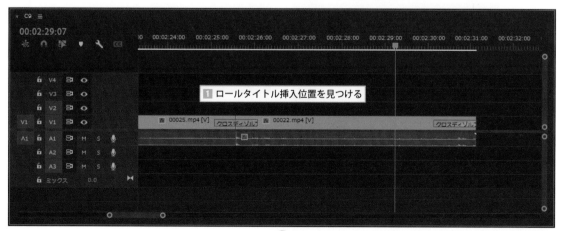

▶ **テキストの属性をカスタマイズする**

入力したテキストのフォントや文字サイズなどのほか、行間なども調整します。

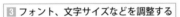

POINT

表示位置は、左右どの位置に配置するかだけを注意してください。
上下の位置は気にする必要はありません。

CHAPTER 9

TIPS シャドウの設定

シャドウ（影）をドロップシャドウではなくテキストの背後に配置すると、テキストが読みやすくなります。

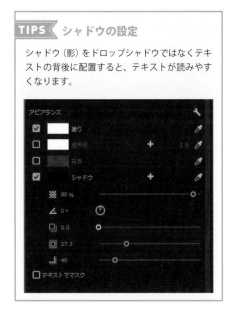

ロール機能を設定する

テキストの入力・設定が終了したら、「ロール」を設定します。ロールを設定すると、テキストがフレームの下から上にロールアップするようになります。

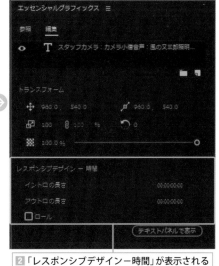

2 「レスポンシブデザイン－時間」が表示される

293

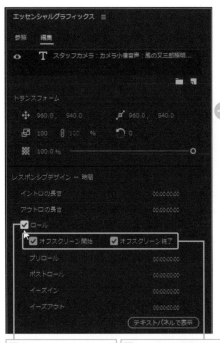

6 ドラッグして上下にロール
することを確認する

5 スライダーが表示される

3 「ロール」をオンにする　4 オンなのを確認する

TIPS YouTube用のサムネールを作成する

YouTubeで公開する動画用にサムネールを作る場合、一般的にPhotoshopやIllustratorなどのグラフィックソフトを利用するユーザーも多いようです。しかし、Premiere Proで作成すれば、編集している動画のフレームサイズに合わせたサムネール画像を出力できます。

1 テロップを作成する

2 「フレームを書き出し」をクリックする

3 名前を入力する

4 ファイル
形式を選
択する

6 チェックをオンにする

5 ファイルの保存先
を設定する

7 クリックする

※ファイル形式は「JPEG」などを選びます。「BMP」では利用できない
　SNSもあります。

出力されたサムネール画像

8 サムネールが読み込まれる

※「プロジェクトに読み込む」をオンにすると、出力したサムネール画
　像をクリップとして利用できるように、「プロジェクト」パネルに読み
　込まれます。

■ 線端の尖りを丸める

境界線（ストローク）を利用して気になるのが、線端が尖っていることです。境界線を丸める機能はIllustratorなどに搭載されていましたが、Premiere Proでも可能です。

尖った線端

線端を丸める

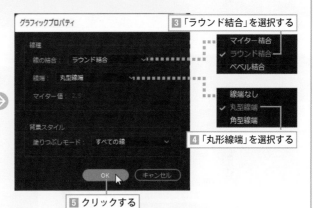

なお、文字ごとに設定するのが面倒な場合は、エッセンシャルグラフィックスのパネルメニュー≡から「テキストレイヤーの環境設定...」を選択し、同じようにラウンド結合と丸方線端を設定してください。入力するすべてのテキストに適用されます。

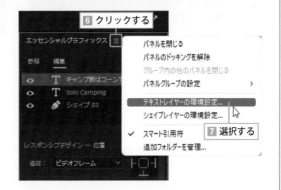

CHAPTER 9

295

SECTION 9.16 「文字起こし」で 音声をテキストに変換する

「文字起こし」機能を利用すると、ビデオクリップに会話部分があれば、その会話をテキストデータに変換し、キャプションとして利用できます。YouTubeに投稿するための自撮りビデオなどで利用すると、編集効率がアップします。

■「文字起こし」を実行する

「文字起こし」機能を利用すると、ビデオクリップのオーディオデータ部分に録音されている音声データを、テキストデータに変換できます。

まず、会話が記録されているビデオクリップから、音声部分をテキストとしてピックアップします。

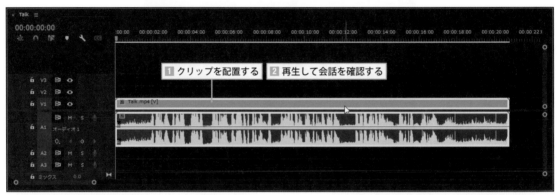

1 クリップを配置する　2 再生して会話を確認する

※「A1」トラックの高さを調整しています（82ページ参照）

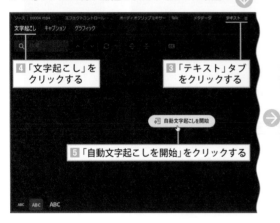

4 「文字起こし」を クリックする

3 「テキスト」タブ をクリックする

5 「自動文字起こしを開始」をクリックする

6 「日本語」を選択する

7 クリップの配置され ている「オーディオ 1」を選択する

8 「文字起こし開始」をクリックする

POINT

「テキスト」タブが表示されていない場合は、メニューバーから「ウィンドウ」→「テキスト」を選択して表示します。

TIPS 複数人で会話

会議など複数の人が会話している場合は、オプションの「様々な話者が話しているときに認識する」のチェックをオンにします。

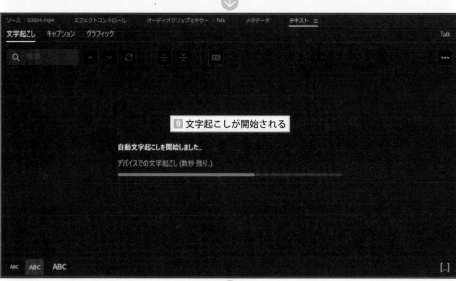

9 文字起こしが開始される

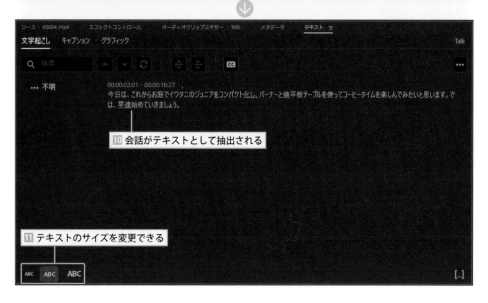

10 会話がテキストとして抽出される

11 テキストのサイズを変更できる

■ スピーカーを編集する

会話の中に複数の話者がいる場合は、それぞれに話者を設定できます。1人の場合でも、話者の名前などを設定しておきましょう。

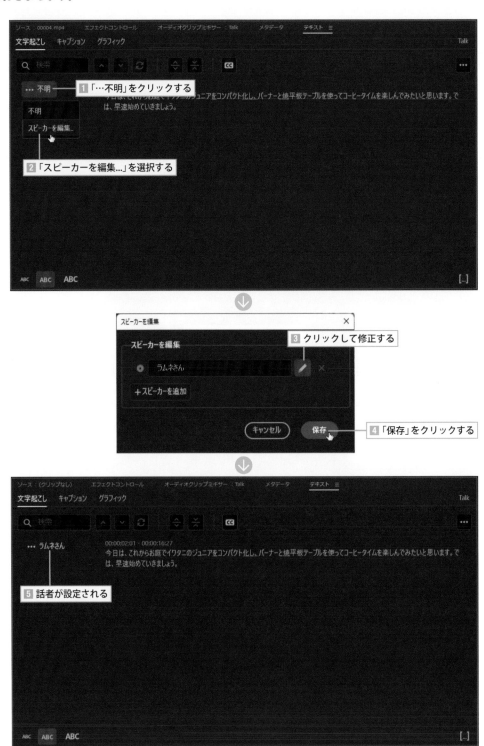

■ テキストを編集する

文字起こしされたテキストは、まだ修正が必要なケースが多いようです。テキストを修正してみましょう。

▶ 語句を選択して修正する

修正したい文字を選択して修正する場合は、次のように操作します。

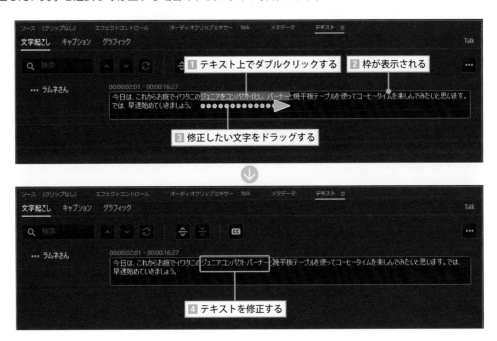

▶ 置換して修正する

テキストが多すぎる、あるいは同じ修正箇所が複数ある場合は、「置き換え」や「すべてを置換」で修正します。

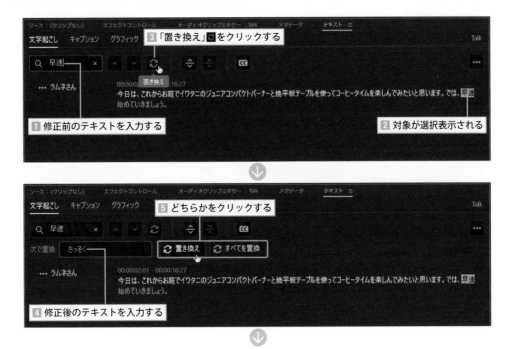

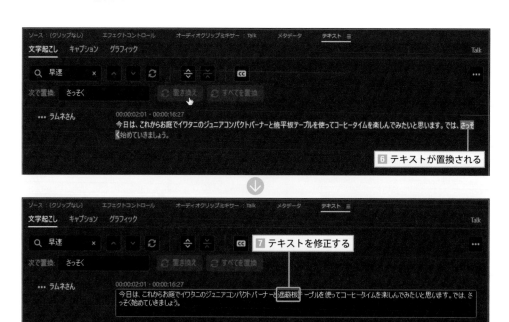

TIPS 再生ヘッド位置の表示

シーケンスで再生ヘッドをドラッグすると、再生ヘッド位置に該当するテキストが反転表示されます。

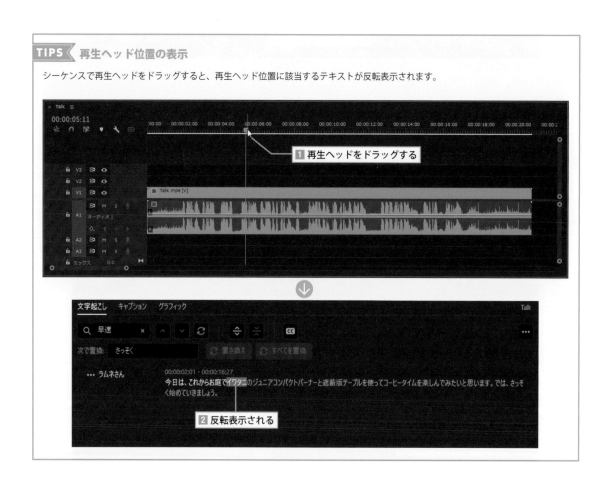

SECTION 9.17 「文字起こし」したテキストを キャプションとして設定する

文字起こしで生成されたテキストから、会話に応じたキャプションを作成してみましょう。作成したキャプションは、「キャプションクリップ」として配置されます。

■ キャプションを作成する

「文字起こし」したテキストから、**キャプションクリップを自動で作成**してみましょう。

キャプションクリップを作成するとキャプション用のトラックが追加され、会話に対応した位置にテキストがクリップとして配置されます。

追加されたキャプション用のトラック

自動配置されたキャプションクリップ

テキストが表示される

1 「キャプションの作成」をクリックする

文字起こしで作成したテキスト

2 選択する

3 YouTubeなどにアップする場合は、デフォルトのまま利用してもOK

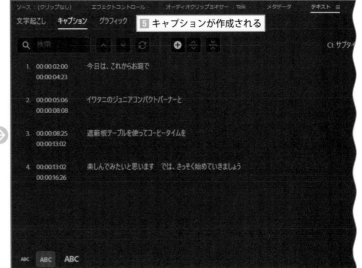

5 キャプションが作成される

4 クリックする

POINT
手動でキャプションを作成する場合は、「空のトラックを作成」を選択します。

POINT
「スタイル」では、272ページで登録した「スタイル」が選択できます。

6 キャプション用のトラックが作成される

7 自動作成されたキャプションクリップ

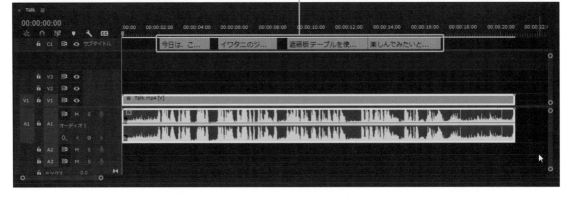

SECTION 9.18 キャプションクリップを カスタマイズする

自動的に作成されたキャプションクリップが、そのまま利用できるとは限りません。会話の流れから区切りの位置などを修正することも必要なケースがあります。

■ キャプションを結合する

　作成されたキャプションクリップの区切り位置が文脈と一致していない場合、複数の**キャプションを結合**することができます。また、結合された**キャプションを分割**することもできます。

「1.」と「2.」を結合する場合

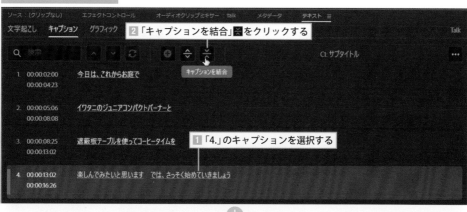

▶ キャプションを分割する

　文脈に沿ってキャプションを分割してみましょう。サンプル文の「では、さっそく」の前の部分で分割します。
　ただし、実際には分割というよりも、テキストをコピーしてそれぞれ不要な部分を削除するという作業になります。

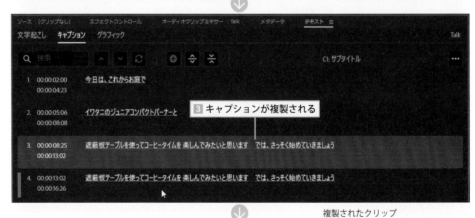

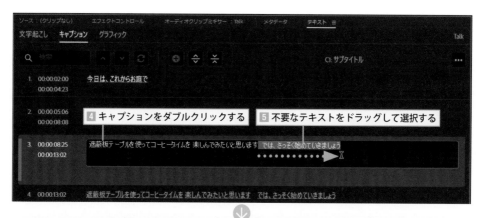

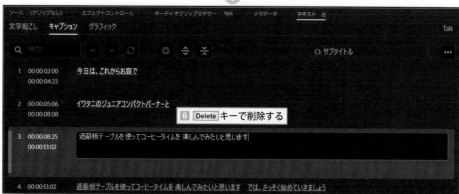

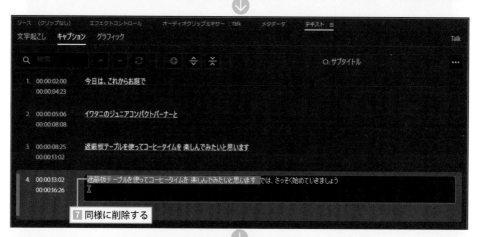

9 分割編集したキャプションクリップ

TIPS 「キャプション」パネルでの操作

「テキスト」の「キャプション」パネルは、シーケンスからの文字起こし、キャプションの作成を順次操作できるパネルです。操作手順は、「文字起こし」での解説と同じです。

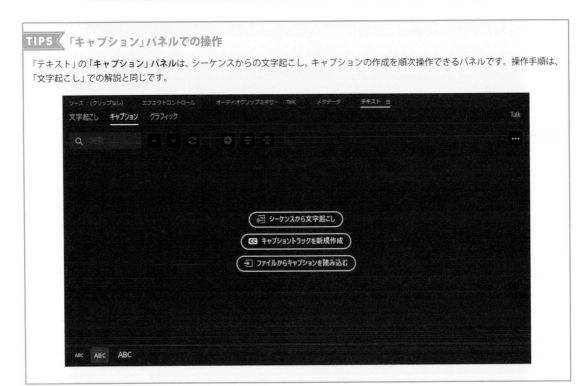

■ キャプションを書き出す

作成したキャプションは、**テキストファイルとして出力**することができます。

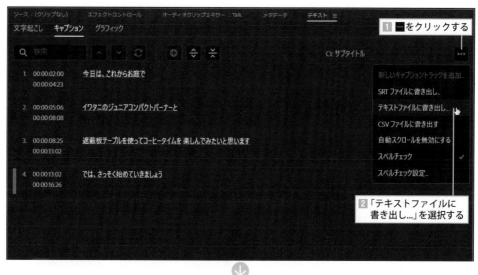

出力されたテキストファイル

Coffee.txt

出力されたテキスト

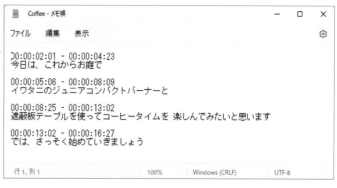

TIPS ◀ **SRTファイルについて**

「SRTファイルに書き出し...」を選択すると、Premiere Proで読み込み可能な字幕テキストファイルとして出力できます。

CHAPTER 9

SECTION

9.19　Adobe Fontsをインストールする

Adobe Fonts を利用すると、多くのフォントを Premiere Pro で利用できるようになります。表現の幅を広げツールとして利用してください。

■ インストールの手順

Adobe Fonts は、Creative Cloud サブスクリプションを利用しているユーザーであれば、無料で 20,000 以上のフォントを利用できるサービスです。フォントは、次の手順でインストールします。

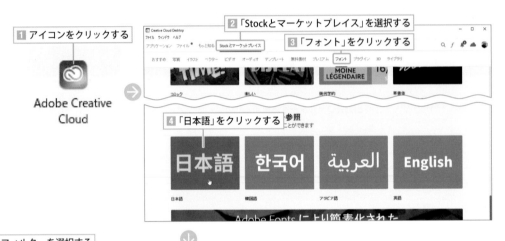

1 アイコンをクリックする

Adobe Creative Cloud

2 「Stockとマーケットプレイス」を選択する
3 「フォント」をクリックする
4 「日本語」をクリックする

日本語　한국어　العربية　English

日本語　韓国語　アラビア語　英語

5 フィルターを選択する

6 利用したいフォントをクリックする

7 「アクティベート」をオンにする

フェイスデザイン

POINT

複数のフォントがある場合は、「5個のフォントをアクティベート」などをオンにします。

CHAPTER 9

8 ログインを実行する

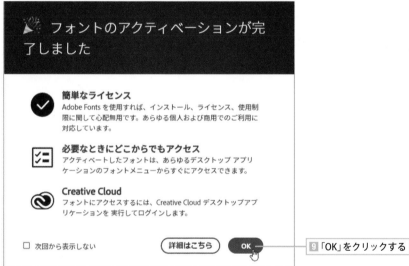

9 「OK」をクリックする

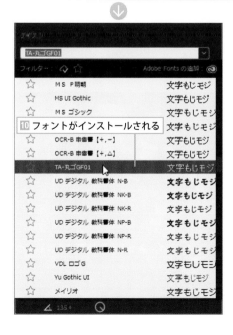

10 フォントがインストールされる

■ キャプションのフォントを変更する

作成したキャプションのフォントを、インストールした Adobe Fonts「丸ゴGF01」に変更してみましょう。

※テキストを選択しても可

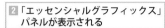

2「エッセンシャルグラフィックス」パネルが表示される

1 キャプションを選択してダブルクリックする（複数選択も可）※

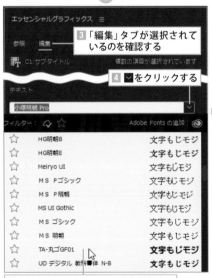

3「編集」タブが選択されているのを確認する

4 ∨ をクリックする

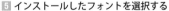

5 インストールしたフォントを選択する

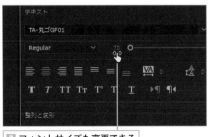

7 フォントサイズも変更できる

6 フォントが変更される

では、さっそく始めていきましょう

では、さっそく始めていきましょう

オーディオデータを
編集する

SECTION
10.1 BGM用のオーディオクリップを
配置する

BGMなどに利用するオーディオデータは、シーケンスのオーディオトラックに配置します。
このとき、配置するトラックに他のデータが配置されていないことを確認してください。

■ オーディオトラックに配置する

　BGM用のオーディオデータは、動画データと同様に「プロジェクト」パネルに取り込んでおき、取り込んだ
オーディオデータをシーケンスの**オーディオトラックに配置**します。

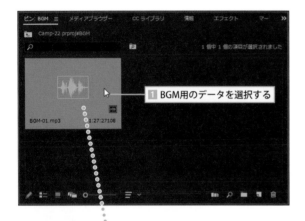

1 BGM用のデータを選択する

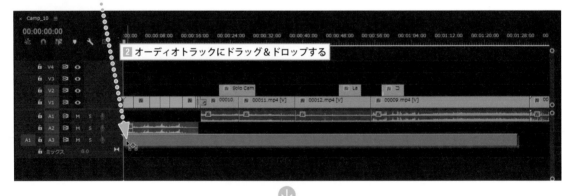

2 オーディオトラックにドラッグ＆ドロップする

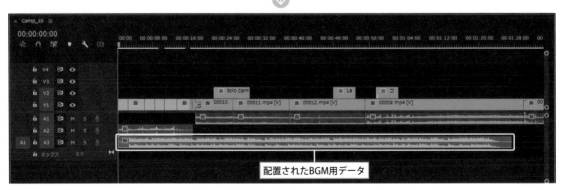

配置されたBGM用データ

TIPS ◀ 上書きに注意！

BGMのデータを配置するオーディオトラックに、別のオーディオデータが配置されていないことを確認してください。たとえば
CHAPTER 5で作成したイントロムービーの効果音などが配置されているトラックに配置すると、効果音のデータが上書きされてしまい
ます。
このような場合は、別のオーディオクリップのないトラックに配置してください。

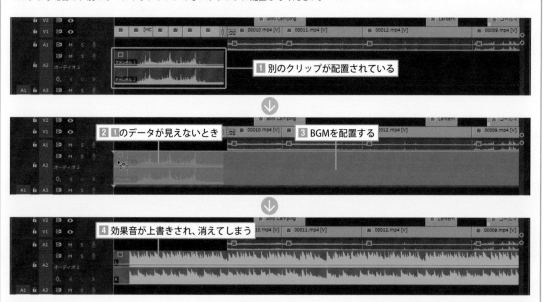

TIPS ◀ ワークスペースの「オーディオ」を利用する

ワークスペースを「オーディオ」に切り替えると、オーディオで利用するさまざまなパ
ネルが利用しやすい状態で表示されます。

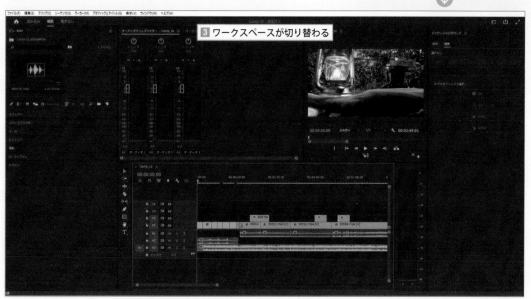

オーディオクリップを
トリミングする

オーディオトラックに配置したオーディオクリップは、ビデオクリップ同様にトリミングによってデュレーション（再生時間）を調整できます。

■ 先端、終端をトリミングする

オーディオクリップのトリミングは、ビデオクリップと同じ要領で操作します。クリップの先端や終端をドラッグしてトリミングします。

このとき、トリミングしやすいように波形を拡大表示するとよいでしょう。

① トラックヘッダーの何もない部分をダブルクリックする

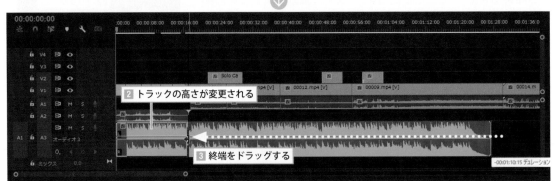

② トラックの高さが変更される

③ 終端をドラッグする

POINT

クリップをドラッグすると、他のトラックのクリップにグレーの▼マークが表示されます。
これは、このクリップの終端と同じタイムコード位置にあることを示しています。

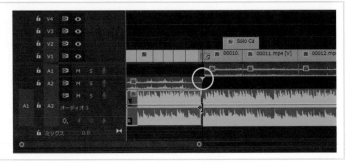

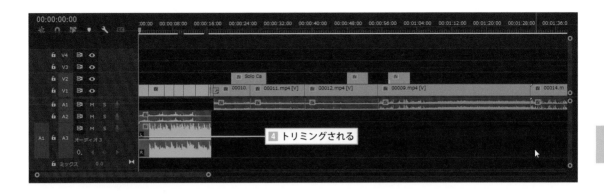

4 トリミングされる

■ ギャップが削除できない

　たとえば、BGM用のクリップをトラックに配置してトリミングした結果、ギャップが発生したとします。このとき、ギャップを選択して Delete キーを押しても削除できなかったり、右クリックして表示された「リップル削除」がアクティブにならずに、削除できないことがあります。

　これは、別のトラックでのクリップの配置状態が影響しています。たとえば、この例ではトラック「V1」が影響しています。この場合、トラック「V1」に配置した複数クリップと「A2」のオーディオクリップに、リップルによって左に詰める余裕がない場合、トラック「A3」で発生したギャップを削除できないのです。

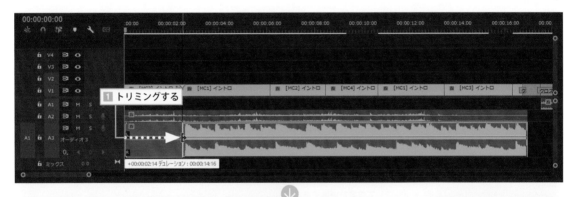

1 トリミングする

2 ギャップが発生する　3 クリックしてギャップを選択

4 右クリックしても「リップル削除」がアクティブにならない

CHAPTER 10

▶ **ギャップを削除できないときの対策**

　このような場合の対応方法の１つは、「選択」ツールでトリミングして手動でクリップを移動させることですが、ギャップのあるトラックをロックすることでも対応できます。ここでは、後者の方法を解説します。

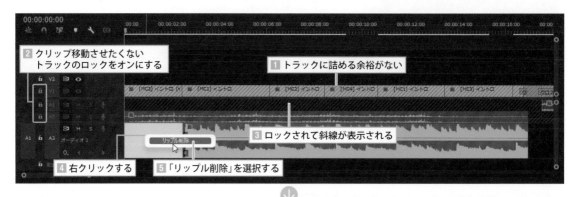

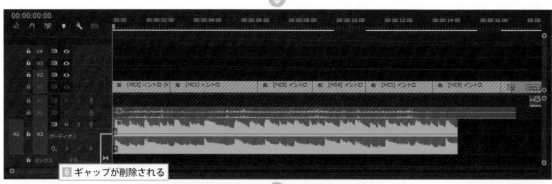

POINT

「リップル削除」には、自身のギャップの削除と同時に、他のトラックのクリップも同時に移動するという機能があります。しかし、ここでの例のようにトラック「A1」に詰める余裕がない場合は、リップル削除がアクティブになりません。したがって、もしトラック「A1」に移動して詰める余裕があれば、リップル削除はアクティブになります。

SECTION 10.3 クリップのラバーバンドで音量調整する

オーディオデータをBGMとして利用する場合、音量調整が必須です。ここでは、ラバーバンドを利用した音量調整の方法について解説します。

■ ラバーバンドを表示する

Premiere Proでの**音量調整**には複数の方法がありますが、最もわかりやすいのが**ラバーバンド**（ゴムひも）を利用した操作です。

1 ダブルクリックする
2 ■ を右クリックする
3 「ボリューム」を選択する
4 「レベル」を選択する

5 ボリュームのラバーバンドが表示される

TIPS 「エフェクトコントロール」パネルで音量調整する

ラバーバンドでの操作と似た調整方法に、「エフェクトコントロール」パネルでの調整があります。ただし、調整操作には少々注意が必要な点があります。
この操作では、4のストップウォッチをオフに設定しないと、キーフレームがタイムラインに設定されてしまい、レベル調整が難しくなってしまいます。

1 シーケンスのクリップを選択して、「エフェクトコントロール」をクリックする

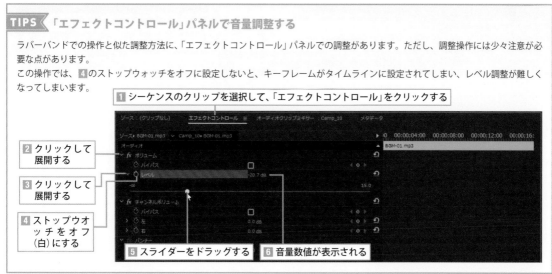

2 クリックして展開する
3 クリックして展開する
4 ストップウォッチをオフ（白）にする
5 スライダーをドラッグする
6 音量数値が表示される

■ ラバーバンドで音量調整する

ラバーバンドでの音量調整は、ラバーバンドをマウスで上下にドラッグして行います。上にドラッグすると音量が大きくなり、下にドラッグすると音量が小さくなります。

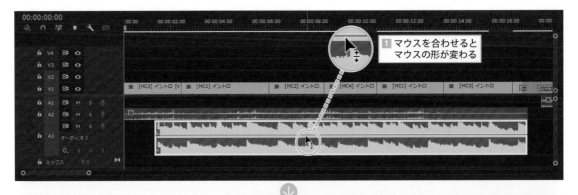

TIPS　音量のdB表示

音量は、dBという単位で表示されます。dBは「デシベル」と読み、特定の基準に対しての大きさ（相対値）を表す単位です。この特定の基準が、オーディオデータを読み込んだときの元の大きさになります。dBは対数なので、元の音量を0dBとした場合、それに対して何倍かを表しています。そして、目安は下記になります。

・+6dB：元の音量の約2倍
・-6dB：元の音量の約2分の1

SECTION

10.4 「オーディオクリップミキサー」で音量調整する

「オーディオクリップミキサー」は、トラックに配置したクリップに対して、クリップ単位で音量調整できる機能です。ここでは、オーディオクリップミキサーを利用した音量調整の方法を解説します。

■ オーディオクリップミキサーについて

Premiere Proには、音量を調整するためのミキサーが2種類搭載されています。1つが「**オーディオクリップミキサー**」で、もう1つが「オーディオトラックミキサー」です。

それぞれの音量ミキサーには、次のような役割分担されています。

> ・**オーディオクリップミキサー：クリップ単位で音量調整する**
> ・**オーディオトラックミキサー：トラック単位で音量調整する**

音量ミキサーのパネルは、複数のオーディオトラックのレベルメーターとレベルを調整するフェーダー、パンを調整するつまみなどで構成されています。

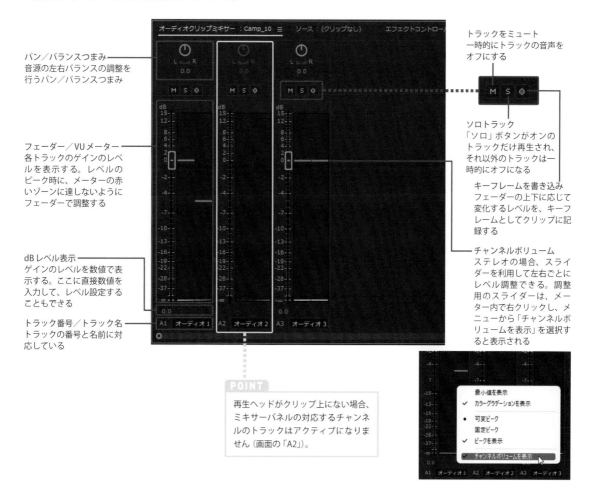

パン／バランスつまみ
音源の左右バランスの調整を行うパン／バランスつまみ

フェーダー／VUメーター
各トラックのゲインのレベルを表示する。レベルのピーク時に、メーターの赤いゾーンに達しないようにフェーダーで調整する

dBレベル表示
ゲインのレベルを数値で表示する。ここに直接数値を入力して、レベル設定することもできる

トラック番号／トラック名
トラックの番号と名前に対応している

トラックをミュート
一時的にトラックの音声をオフにする

ソロトラック
「ソロ」ボタンがオンのトラックだけ再生され、それ以外のトラックは一時的にオフになる

キーフレームを書き込み
フェーダーの上下に応じて変化するレベルを、キーフレームとしてクリップに記録する

チャンネルボリューム
ステレオの場合、スライダーを利用して左右ごとにレベル調整できる。調整用のスライダーは、メーター内で右クリックし、メニューから「チャンネルボリュームを表示」を選択すると表示される

POINT

再生ヘッドがクリップ上にない場合、ミキサーパネルの対応するチャンネルのトラックはアクティブになりません（画面の「A2」）。

■「オーディオクリップミキサー」を表示する

音量ミキサーは、「ソース」モニターのグループに登録されていて、デフォルトではオーディオクリップミキサーが登録されています。

なお、音量ミキサーのチャンネルは、タイムラインのトラックと対応しています。

3 ドラッグしてクリップに合わせる

4 タブをクリックするとオーディオクリップミキサーが表示される

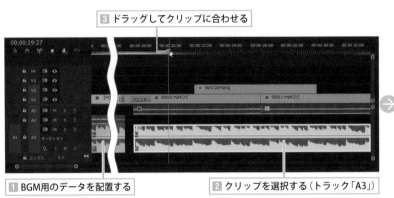

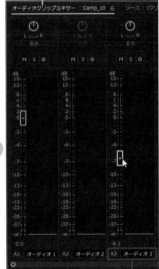

1 BGM用のデータを配置する

2 クリップを選択する（トラック「A3」）

選択したクリップに対応したトラック番号とトラック名

■ クリップの音量を調整する

オーディオクリップミキサーで**クリップの音量を調整する**場合は、次のように操作します。

2 オーディオクリップミキサーを表示する

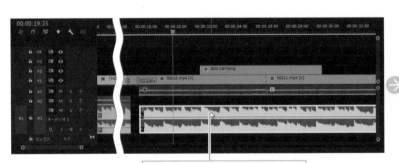

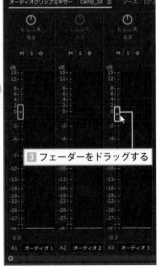

1 音量調整したいクリップを選択する

3 フェーダーをドラッグする

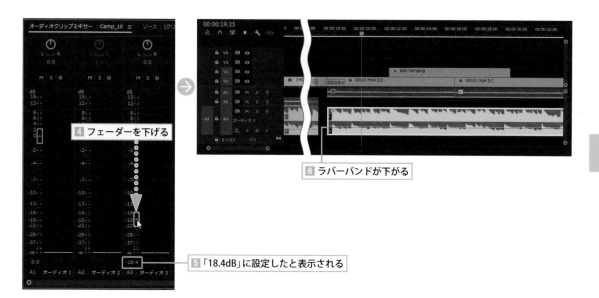

4 フェーダーを下げる

6 ラバーバンドが下がる

5 「18.4dB」に設定したと表示される

CHAPTER 10

TIPS **最大音量は0dB（ゼロ・デシベル）**

デジタルでは、最大音量が「0dB」と決められています。この場合の0dBは、ラバーバンドで解説した（318ページ参照）0dBとは異なります。dBは対数なので、この場合の0dBは最大の音量を便宜上0dBとしているのです。

そして、音量を設定する場合、この0dBを越えないように設定しなければなりません。0dBを越えると「オーバー」と表示され、「音割れ」や「クリッピング」といって、音が歪んだ聞きづらい音になってしまいます。したがって、音量は基本的に0dB以下になるため、通常聞く音量は「-2.5dB」のようにマイナス表示になります。

最大音量が0dBを越えないように調整

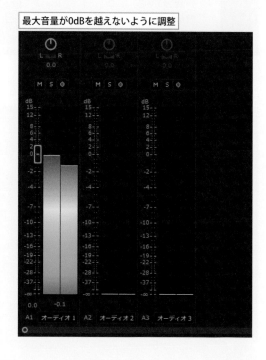

0dBを越えると、音割れして音として破綻してしまう

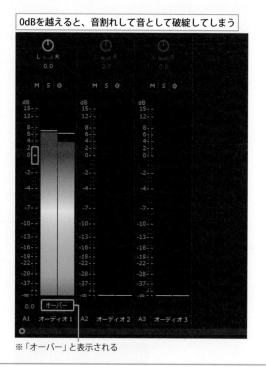

※「オーバー」と表示される

「オーディオトラックミキサー」パネルで音量調整する

「オーディオトラックミキサー」は、トラック単位で音量を調整するための音量ミキサーです。ここでは、オーディオトラックミキサーを使った音量調整の方法について解説します。

■ オーディオトラックミキサーの表示と機能

オーディオクリップミキサーがクリップ単位で音量を調整するのに対して、「**オーディオトラックミキサー**」はトラック単位で音量を調整します。

なお、オーディオトラックミキサーは、メニューバーの「ウィンドウ」メニューから表示します。

1 「ウィンドウ」をクリックする

表示(V) ウィンドウ(W) ヘルプ(H)

	ワークスペース(W)	>
	Exchange でエクステンションを検索...	
	エッセンシャルグラフィックス	
	エッセンシャルサウンド	
✓	エフェクト	Shift+7
✓	エフェクトコントロール	Shift+5
✓	オーディオクリップミキサー	Shift+9
	オーディオトラックミキサー	Shift+6
✓	オーディオメーター	
✓	ソースモニター	Shift+2
	タイムコード	
	タイムライン(T)	>
✓	ツール	

2 「オーディオトラックミキサー」を選択する

3 オーディオトラックミキサーが表示される

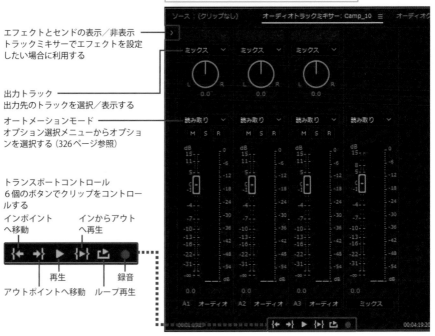

エフェクトとセンドの表示／非表示
トラックミキサーでエフェクトを設定したい場合に利用する

出力トラック
出力先のトラックを選択／表示する

オートメーションモード
オプション選択メニューからオプションを選択する（326ページ参照）

トランスポートコントロール
6個のボタンでクリップをコントロールする
インポイントへ移動
インからアウトへ再生

再生　　録音
アウトポイントへ移動　ループ再生

■ オーディオトラックミキサーで音量調整する

オーディオトラックミキサーでの音量調整は基本的にオーディオクリップミキサーと同じで、各チャンネルのフェーダーをドラッグして調整します。

このとき、音量の最大値である0dBを越えないように設定するのもオーディオクリップミキサーと同じです。

1 「再生／停止」をクリックしてプロジェクトを再生する

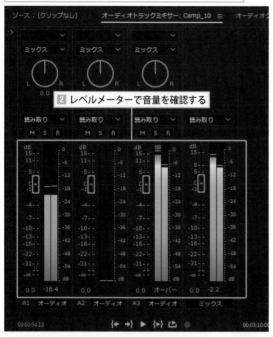

2 レベルメーターで音量を確認する

TIPS クリッピングインジケーター

レベルが0dBを大きく上回っている「クリッピング」状態の場合、レベルメーターの上部にある「クリッピングインジケーター」が赤く点灯します。

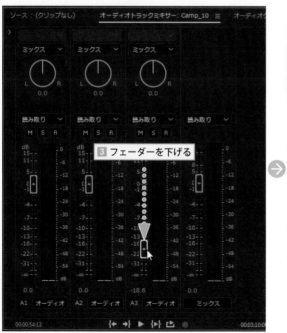

3 フェーダーを下げる

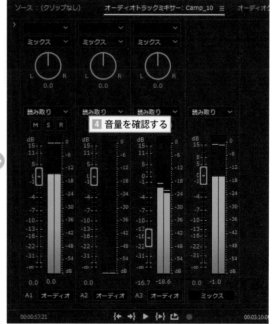

4 音量を確認する

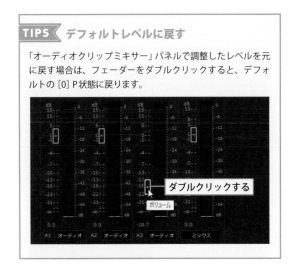
■「ミックス」チャンネルについて

　オーディオトラックには、「**ミックス**」というチャンネルがあります。これは、「A1」や「A2」といった各チャンネルからの出力をまとめ、1つの出力として音量を調整するチャンネルです。したがって、全体の音量調整を行う場合は、「ミックス」を利用します。

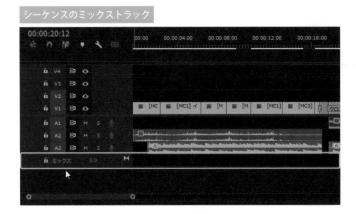

シーケンスのミックストラック

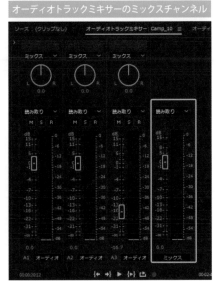

オーディオトラックミキサーのミックスチャンネル

▶「サブミックス」チャンネルを利用する

　オーディオトラックミキサーでは、「**サブミックス**」**チャンネル**を利用できます。サブミックスはチャンネルトラックとミックスの間に出力先として設定し、特定のチャンネルにエフェクトなどを設定するときに利用します。

　たとえば、次ページの図のようにトラック「A1」「A2」に341ページで解説している「センド」を利用してエフェクトを設定し、その出力を「A3」とミックスして最終的に出力するというときに利用します。この場合、サブミックスのトラックを追加して利用します。

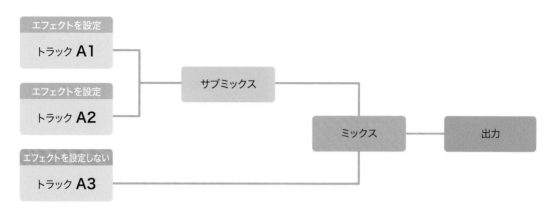

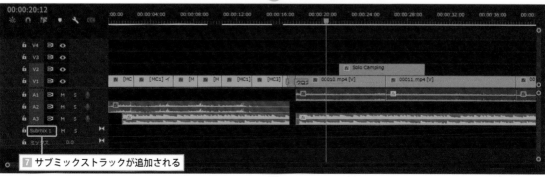

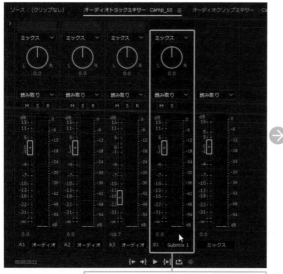

8 サブミックスのフェーダーが追加される

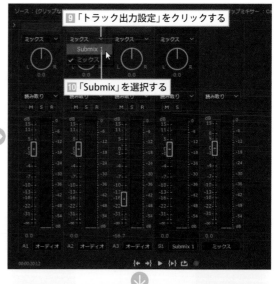

9 「トラック出力設定」をクリックする

10 「Submix」を選択する

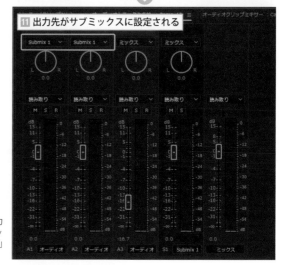

11 出力先がサブミックスに設定される

この場合、トラック「A1」、「A2」の出力先はサブミックスの「Submix」、トラック「A3」とサブミックスは「ミックス」チャンネルに出力されます。

■ オートメーションモードを利用する

オートメーションモードを利用すると、フェーダーの操作をそのままトラックに記録できます。ここでは「書き込み」によって音量調整しています。

書き込まれた結果は、書き込み後に再生すると、フェーダーの動きを再現して音量調整します。

オートメーション	機能
なし	トラックに保存されている設定が無視される。この場合、オーディオトラックミキサーの各コントロールをリアルタイムで使用でき、オーディオトラックへの変更は記録されない。
読み込み	トラックのキーフレーム設定が読み取られ、トラックの音量調整に使用される。トラックにキーフレームがない場合は、トラックオプション（ボリュームなど）を調整するとトラック全体に反映される。
ラッチ	「書き込み」と同じように動作するが、値の調整を開始しないとオートメーションによる書き込みが行われない。
タッチ	「書き込み」と同じように動作するが、値の調整を開始しないと、オートメーションによる書き込みが行われない。また、フェーダーからマウスを離すなど調整を終了すると、現在のオートメーションに変更を加える前の値に自動的に戻る。
書き込み	フェーダーによるレベルコントロールが、リアルタイムでオートメーション設定として書き込まれる。書き込みは、トラックの再生と同時に開始される。

ここでは、トラック「A3」で「書き込み」を行い、フェーダーの操作をリアルタイムで書き込む調整を行ってみます。

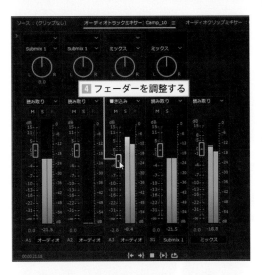

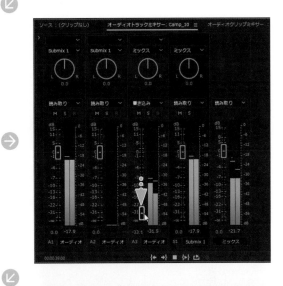

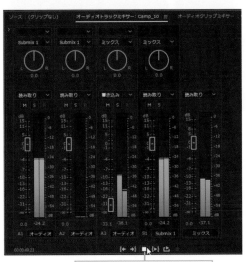

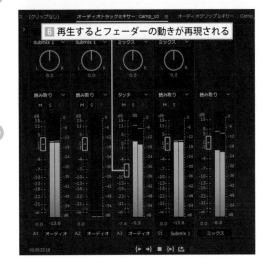

327

SECTION

10.6

フェードイン／フェードアウトを
設定する

音量調整の中でも、フェードイン／フェードアウトの設定はムービーの最初と最後に設定する重要なエフェクトで、トランジションによって設定可能です。

■「オーディオトランジション」を設定する

　オーディオの**フェードイン／フェードアウトを
設定する**場合、エフェクトの「オーディオトランジション」を利用すると、簡単に設定できます。

　設定は、ビデオクリップにビデオトランジションを設定する方法と同じです。

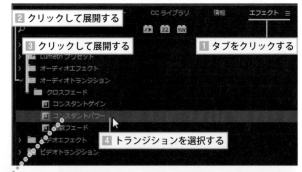

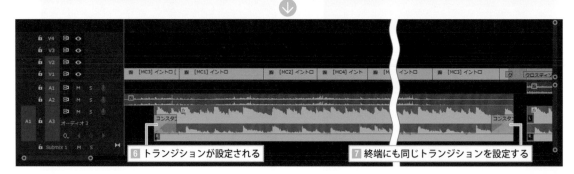

TIPS　「コンスタントゲイン」と「コンスタントパワー」の違い

「オーディオトランジション」の「クロスフェード」には、「**コンスタントゲイン**」と
「**コンスタントパワー**」という似たタイプのトランジションがあります。どちらも徐々
に音量（レベル）をフェードアウトする、あるいは徐々にフェードインするという効
果に変わりはありません。

双方の違いは、音量を直線的に変化させるか、曲線的に変化させるかどうかです。ど
ちらかといえば、「コンスタントパワー」のほうが自然な感じで音量が調整されます。

コンスタントパワー

コンスタントゲイン

SECTION 10.7　映像データと音声データを分離する

「映像は必要だが音声は必要ない」あるいは逆に「音声は必要だが映像は必要ない」ということもあります。この場合、シーケンスのトラックから該当するデータ部分を削除できます。

■ 映像と音声を分離する

ビデオクリップの**映像と音声を分離**して、たとえば音声を削除したい場合は、「リンク解除」を利用します。
リンクの解除後に再度リンクしたい場合は、映像と音声を選択して右クリックし、コンテクストメニュー（ショートカットメニュー）から「リンク」を選択します。

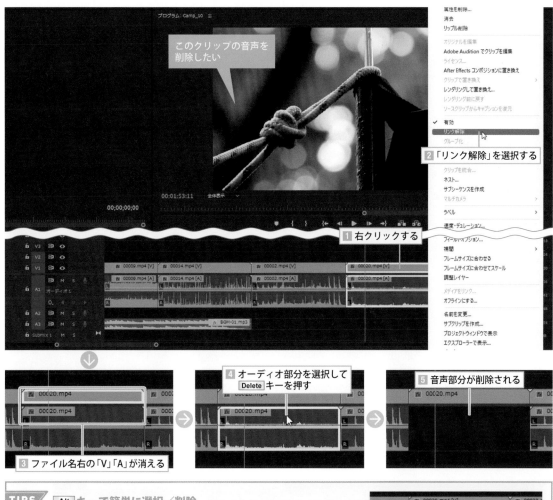

① 右クリックする
② 「リンク解除」を選択する
③ ファイル名右の「V」「A」が消える
④ オーディオ部分を選択して Delete キーを押す
⑤ 音声部分が削除される

このクリップの音声を削除したい

TIPS　Alt キーで簡単に選択／削除

Alt キー（Mac：option キー）を押しながらオーディオ部分や映像部分をクリックすると、「リンク解除」を実行しなくても、簡単にオーディオや映像部分だけを選択できます。

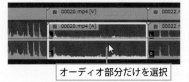

オーディオ部分だけを選択

SECTION 10.8 BGMの一部だけ音を消してみる

シーケンスのトラックに配置したBGMのうち、一部の範囲のみ音量を下げてみましょう。
この場合、キーフレームを設定して調整します。

■ 特定の範囲だけ音調を下げる

　シーケンスに配置したクリップのボリューム用ラバーバンドを利用して、BGMの特定の範囲だけ音量を下げるには、次のように操作します。

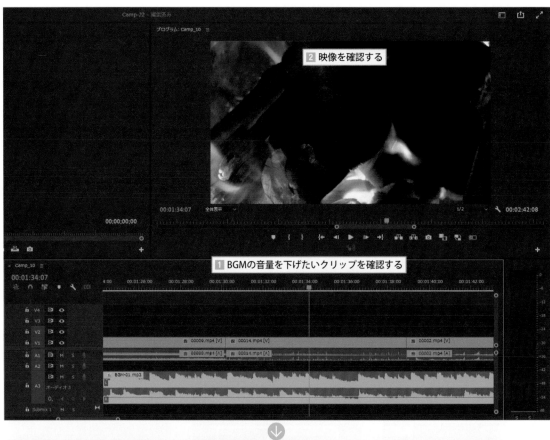

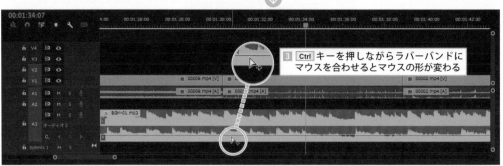

CHAPTER 10

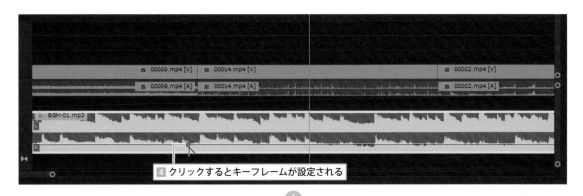

4 クリックするとキーフレームが設定される

↓

5 該当するクリップの前後に4個のキーフレームを設定する

6 ラバーバンドを下にドラッグする

↓

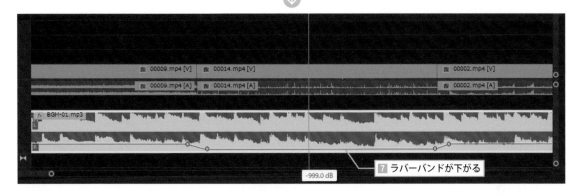

-999.0 dB

7 ラバーバンドが下がる

TIPS フェードイン／フェードアウトに利用

この方法を利用すると、328ページで設定した「オーディオトランジション」によるフェードイン／フェードアウトを設定できます。
なお、このラバーバンドはベジェ曲線を使用したもので、曲線的な音量調整も可能です。なお、332ページで解説している「リミックス」を利用すると、フェードアウトを利用しなくても済む場合があります。

「オーディオトランジション」によるフェードイン／フェードアウト

1 キーフレームを右クリックしてメニュー表示

2 曲線を設定できる

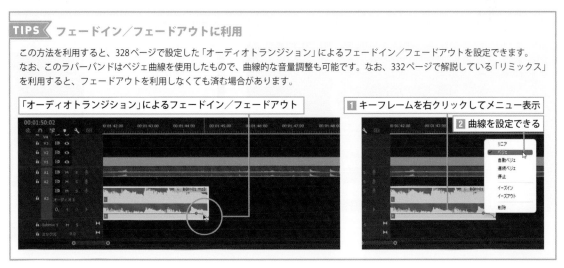

331

SECTION 10.9 「リミックス」でBGMのデュレーションを自動調整する

Premiere Proに搭載された「リミックス」機能を利用すると、動画のデュレーションに合わせて、オーディオデータのデュレーションを自動調整してくれます。

■ 2つのリミックスツール

　新しく搭載された「リミックス」機能は、シーケンスに配置した動画データのデュレーションに合わせ、オーディオデータのデュレーションを自動調整する機能です。このとき、サウンドのパターンや音量などを分析し、指定した時間±5秒できれいに映像と調和するように自動調整します。生成されたサウンドは、違和感のない自然なアレンジに仕上がっています。

　リミックスは、「エッセンシャルサウンド」パネルで設定する方法と、「リミックス」ツールで設定する2種類の方法があります。ここでは、CHAPTER 5で作成した「イントロ」の動画を利用して、BGMをリミックスする手順を解説しますが、利用する動画素材は、通常のビデオクリップでもかまいません。

▶ エッセンシャルサウンドでリミックスする

　最初に、エッセンシャルサウンドでリミックスする方法を解説します。

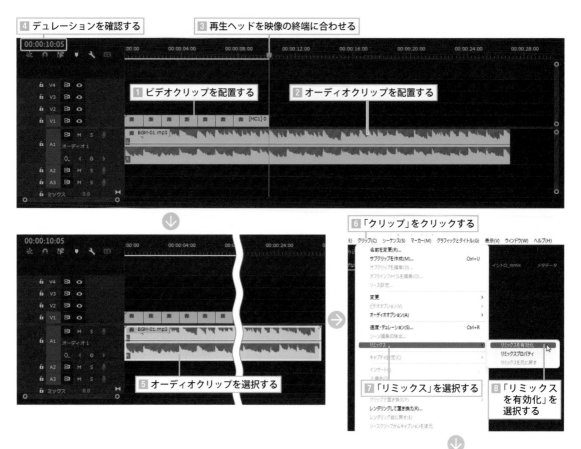

9 「エッセンシャルサウンド」パネルが表示される

10 「ターゲットデュレーション」に 4 の数値を設定する

CHAPTER 10

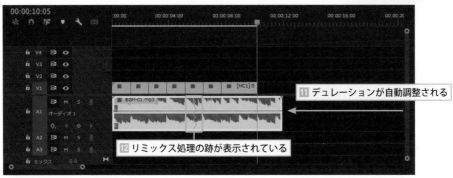

11 デュレーションが自動調整される

12 リミックス処理の跡が表示されている

TIPS 「リミックス」のカスタマイズ

「エッセンシャルサウンド」パネルの「リミックス」には、「ストレッチ」というオプションと、「Customize」というオプションがあります。「ストレッチ」ではデュレーション調整ができ、「Customize」を展開すると、分析のアルゴリズムを調整したリミックス結果が得られます。

また、「ターゲットデュレーション」を調整しても、オーディオクリップのデュレーションが調整できます。

「Customize」でカスタマイズ

「ストレッチ」でカスタマイズ

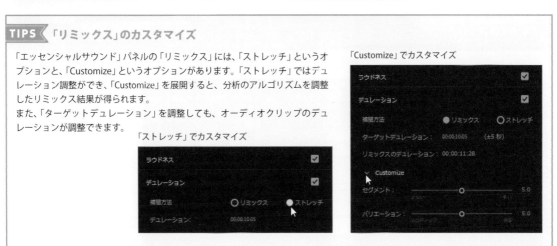

▶「リミックス」ツールでリミックスする

ツールパネルに登録されている**「リミックス」ツール**を利用すると、リミックスしながら手動でデュレーションを調整できます。ターゲットデュレーションが指定できないような場合に利用するとよいでしょう。

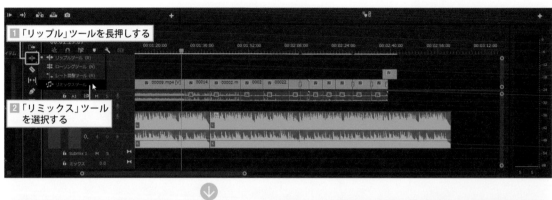

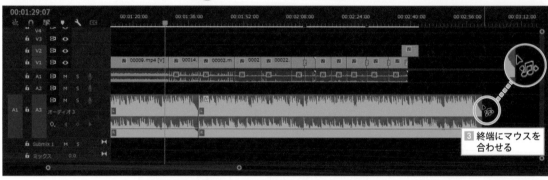

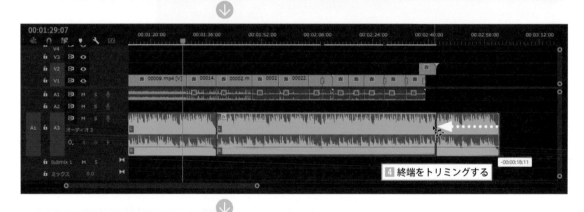

SECTION 10.10 複数クリップを「エッセンシャルサウンド」でノーマライズする

シーケンスに配置したクリップの音量がバラバラの場合、これを均一に設定する機能が「ノーマライズ」です。
設定の難しいノーマライズですが、「エッセンシャルサウンド」を利用すると簡単に設定できます。

■「エッセンシャルサウンド」でノーマライズを実行する

「**ノーマライズ**」とは、各クリップのオーディオデータを分析し、データ全体の音量を適正な音量に調整する処理です。

ノーマライズ前

ノーマライズ後

① 「ウィンドウ」をクリックする

② 「エッセンシャルサウンド」を選択する

③ 「エッセンシャルサウンド」パネルが表示される

335

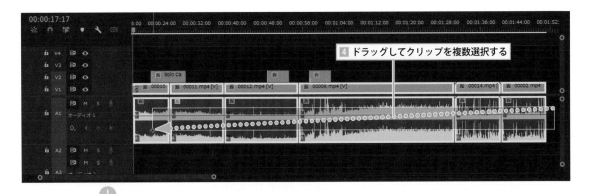

④ ドラッグしてクリップを複数選択する

↓

⑤ 「編集」タブをクリックする

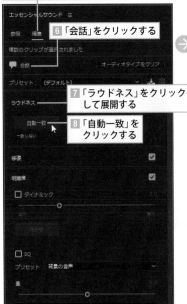

⑥ 「会話」をクリックする

⑦ 「ラウドネス」をクリックして展開する

⑧ 「自動一致」をクリックする

「自動一致」クリック前

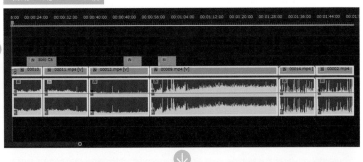

→

↓

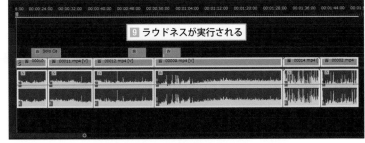

⑨ ラウドネスが実行される

TIPS　「ラウドネス」って何？

「ラウドネス」を簡単に説明すると、

耳で聞いたときの音の大きさのこと

です。このとき、音の大きさの平均値を「ラウドネス値」、ラウドネスでの音量を「音圧」といいます。

また、ラウドネスとノーマライズを一緒に行うことを「ラウドネスノーマライズ」や「ラウドネスノーマライゼーション」といいます。大きな音は聞きやすい大きさに下げ、小さな音は聴きやすい大きさまで音量を上げてくれるわけですね。つまり、

人が聞きやすい音量に自動調整すること

と考えればわかりやすいでしょう。なお、この辺りの話はとても難しいので、本書ではこの程度の解説にしておきます。

TIPS　「LUFS」って何？

ラウドネスは何を基準にして調整するのかというと、「LUFS」が利用されます。ラウドネスの自動一致を実行すると、「-23.00 LUFSのターゲットラウドネスに自動一致」などと表示されますが、このときのLUFSです。

「LUFS」は「Loudness Unit Full Scale：ラウドネスユニットフルスケール」の略です。日本の民間放送連盟では、平均の聴感基準レベル（ターゲット平均ラウドネス値）を-24LKFSとしています。このときの「LKFS (Loudness K-weighted Full Scale)」は「LUFS」と同じと考えてください。

要するに、音量のばらつきを抑えた番組を作るための基準がLUFSなのです。

ラウドネスを実行した後の表示

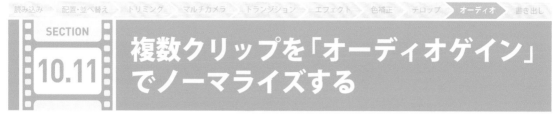

10.11

複数クリップを「オーディオゲイン」でノーマライズする

Premiere Proには、以前から「オーディオゲイン」というノーマライズを行うための機能が搭載されています。ここでは、オーディオゲインを利用したノーマライズの方法について解説します。

■ オプションでノーマライズ方法を選択する

Premiere Proの「**オーディオゲイン**」では、ノーマライズの方法を選択して実行できます。利用目的に応じて結果を考慮したノーマライズが実行できます。

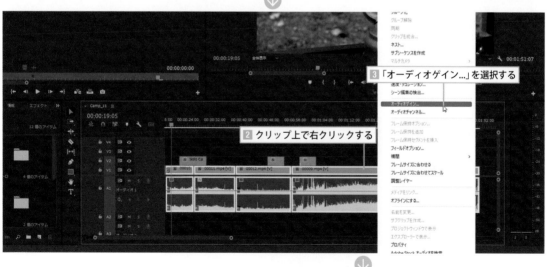

メニューバーから「クリップ」→「オーディオゲイン...」を選択しても同じです。

ノーマライズ前

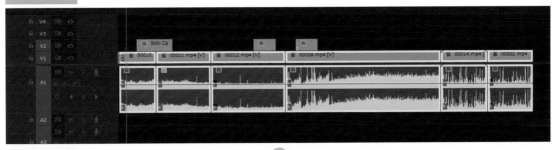

ノーマライズ後

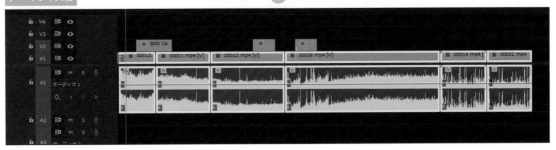

TIPS 「レベル」と「ゲイン」

オーディオでは、「レベル」と「ゲイン」という2つの用語が使われます。どちらも音量に関して使われる用語ですが、次のような違いがあります。

レベル：音量の高低の度合いを示したもの。全体から見て、どの程度の高さにあるのかを示している。

ゲイン：電気信号の入力に対する出力の比率。単位にdb（デシベル）を利用する。音量では、数値が大きいほどレベルが高く、数値が小さいほどレベルが低い。

TIPS オーディオゲインの設定

オーディオゲインの設定ダイアログボックスでは、次のようなオプションから選択できます。

・ゲインを指定
ゲインを特定の値に指定する

・ゲインの調整
指定したゲインのdbを増減する

・最大ピークをノーマライズ
最大ピーク時のゲインを指定する

・すべてのピークをノーマライズ
選択しているクリップすべてのピーク時のゲインを、指定したゲインに調整する

・ピークの振幅
クリップのオーディオ波形の最高ポイントを指定する。ただし、複数クリップを選択した場合には選択できない。

TIPS 「プロジェクト」パネルでノーマライズ

ノーマライズ処理は、シーケンスに配置したクリップだけでなく、「プロジェクト」パネルで管理している素材クリップに対しても適用できます。

③「オーディオゲイン...」を選択する

①クリップを複数選択する

②クリップ上で右クリックする

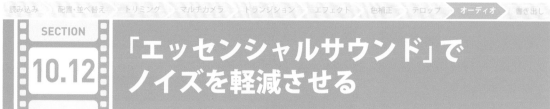

SECTION 10.12 「エッセンシャルサウンド」でノイズを軽減させる

映像にノイズ（雑音）がある場合、これを軽減させることが、映像を楽しむ、味わうためのポイントになります。
ここでは、「エッセンシャルサウンド」でノイズを軽減させる方法について解説します。

■「エッセンシャルサウンド」でのノイズ軽減手順

映像の「味」を落とす最大の敵は、「手ぶれ」と「ノイズ」です。ここでは、ノイズを軽減させる方法として、エッセンシャルサウンドを利用した手順について解説します。

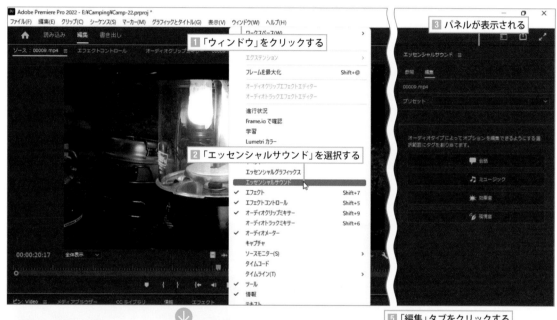

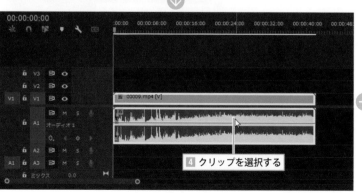

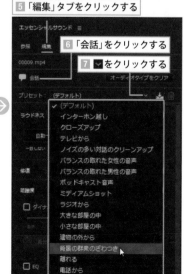

POINT
「プリセット」の選択では、映像に応じたノイズタイプを選択します。

339

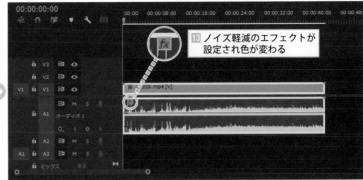

TIPS その他のノイズ削除

「会話」の「修復」には、ノイズのほかにもさまざまな雑音を削除するプリセットが搭載されています。
たとえば、電源機器などから発生する「ブーン」というハムノイズや、サ行やザ行の発音時に発生する歯擦音なども軽減、削除できます。

■「エフェクトコントロール」パネルでも設定できる

「エッセンシャルサウンド」でノイズ軽減を設定すると、「エフェクトコントロール」パネルに「クロマノイズ除去」というノイズ除去のエフェクトが設定されます。

また、「エフェクト」パネルの「オーディオエフェクト」からもノイズ除去用のエフェクトを設定して利用できます。

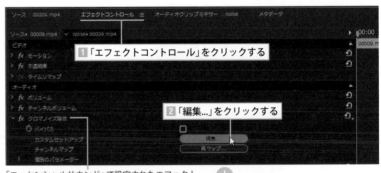

「エッセンシャルサウンド」で設定されたエフェクト

「オーディオエフェクト」のノイズ除去関連のエフェクト

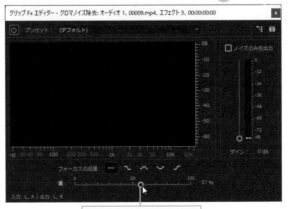

SECTION

10.13

オーディオトラックミキサーで 雑音を軽減させる

オーディオトラックミキサーでは、音量調整のほかにトラックに対してオーディオエフェクトの設定もできます。
ここでは、オーディオトラックミキサーを利用したオーディオエフェクトでのノイズ軽減について解説します。

■ オーディオトラックミキサーでオーディオエフェクトを設定する

　Premiere Proでは、雑音の除去などもオーディオエフェクトの一種として扱っています。そして、音量調整を行うオーディオトラックミキサーでも、オーディオエフェクトを設定できます。
　ここでは、オーディオエフェクトの「**ノイズリダクション／レストレーション**」にある「**クロマノイズ除去**」を利用します。

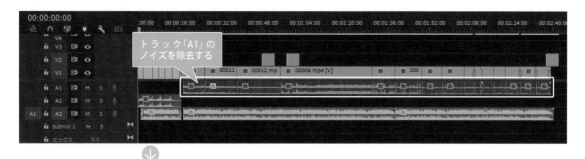

トラック「A1」の
ノイズを除去する

↓

1 オーディオトラックミキサーを表示する

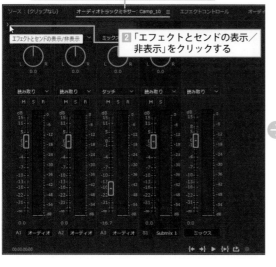

2「エフェクトとセンドの表示／非表示」をクリックする

→

4 （エフェクトの選択）
をクリックする

3 トラックを確認する

↓

POINT

「エフェクトとセンドの表示／非表示」では、トラックに対してエフェクトを設定する機能と、トラックの出力先を設定する機能があります。ここでは、エフェクトの設定機能を利用します。

5 「ノイズリダクション／レストレーション」から「クロマノイズ除去」を選択する

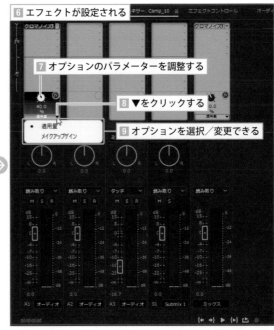

6 エフェクトが設定される

7 オプションのパラメーターを調整する

8 ▼をクリックする

9 オプションを選択／変更できる

TIPS 「クロマノイズ」について

インタビュー動画などで会話の背後に「サーーー」というノイズに気づくことがあります。これを「ホワイトノイズ」といいますが、そのほとんどがマイク自身から発生するノイズです。このホワイトノイズを見事に削除してくれるのが、「クロマノイズ除去」です。

TIPS 「リバーブ」について

反響の強い部屋などでは残響音やエコーが残りますが、この残響音をリバーブといいます。「リバーブを除去」では、この残響音を軽減することができます。逆に、リバーブを強めたい場合は、エフェクトのカテゴリーに「リバーブ」があるので、これを利用してください。

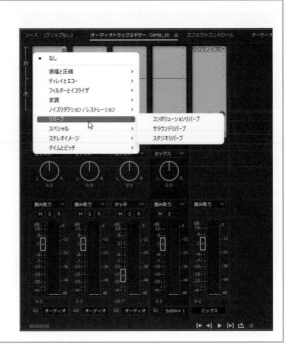

SECTION 10.14 ナレーションを録音する

Premiere Proで編集した映像を再生しながら、映像に対しての解説、いわゆるナレーションを入力してみましょう。ここでは、Premiere Proの録音機能を利用します。

■ ナレーション録音の準備

　ナレーションを録音するには、収録のための機材が必要になります。基本的には、マイクとスピーカーになりますが、再生中の音をスピーカーから流すとその音をマイクが拾ってしまうため、通常はヘッドフォンを利用します。

　USB接続タイプのマイクやヘッドフォンは、パソコンに接続するだけですぐに利用できるようになります。それに対して、ダイナミックマイクやコンデンサーマイクを利用する場合は、マイクを接続するためのオーディオインターフェイスが必要になります。

　本書では、ダイナミックタイプのマイクを搭載したヘッドセットを利用しているので、右の写真のようなヘッドセット、オーディオインターフェイスを接続しました。

本書での利用ケース

ヘッドセット
Audio-Technica BPHS1

オーディオ
インターフェイス
Focusrite Scarlett 2i2

▶ Windows、Macでの設定

　上記のセットを利用した場合、OS側でデバイスを登録しておく必要があります。右の画面はWindowsの例です。設定方法等は、各デバイスに付属のマニュアル等を参照してください。

　Macの場合も同様に、下の画面のように「システム環境設定」の「サウンド」で利用するサウンド環境を設定してください。

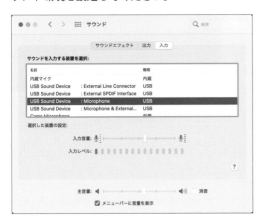

ヘッドフォンの設定

マイクの設定

マイクの音量を調整

■ ナレーションを録音する

　ヘッドフォンとマイクの準備ができたら、ナレーションを録音します。ここでは、トラック「A2」に録音したデータを登録する設定で解説します。

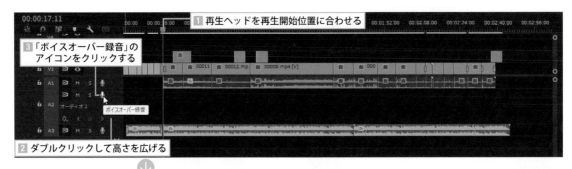

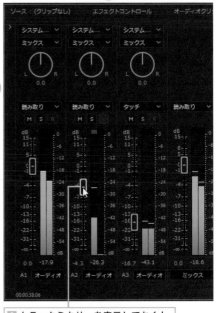

TIPS　BGMをミュートにする

　収録中、BGMが気になる場合は、「ミュート」をクリックしてBGMをミュート（一時停止）しておきます。

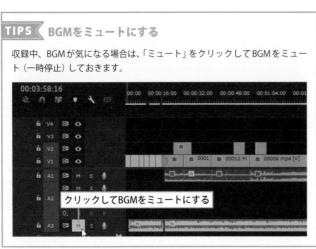

■ ナレーションを文字起こしする

録音したナレーションは、「テキスト」機能を利用して文字起こしができます。文字起こしの操作方法については、296ページも参照してください。

ナレーションをテキストで表示する

TIPS イン点、アウト点を設定

ナレーション範囲を、イン点、アウト点で設定しても文字起こしができます。
範囲を区切りながら必要な箇所だけを文字起こしできます。

CHAPTER 10

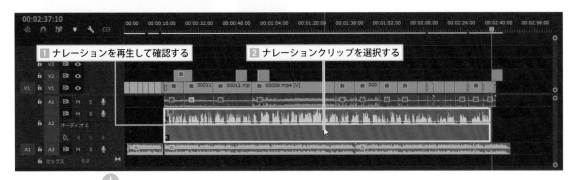

1 ナレーションを再生して確認する

2 ナレーションクリップを選択する

3 「ウィンドウ」をクリックする

4 「テキスト」を選択する

6 「キャプション」をクリックする

5 「テキスト」をクリックする

7 「シーケンスから文字起こし」をクリックする

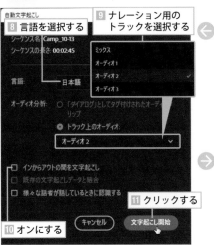

8 言語を選択する

9 ナレーション用のトラックを選択する

10 オンにする

11 クリックする

12 文字起こしが開始される

13 文字起こしが終了する　14 「キャプションの作成」をクリックする

15 必要に応じてオプションを設定する

※デフォルトでOK

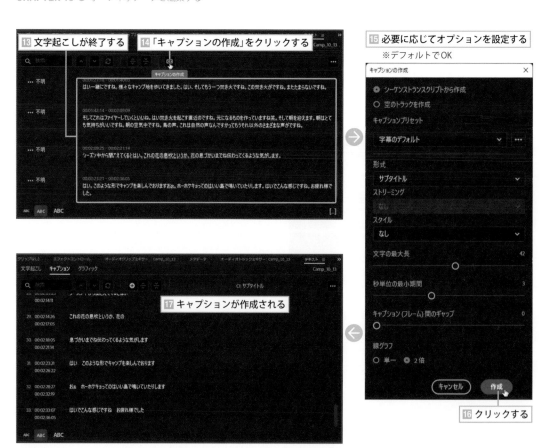

17 キャプションが作成される

16 クリックする

18 キャプションのトラックが追加されている

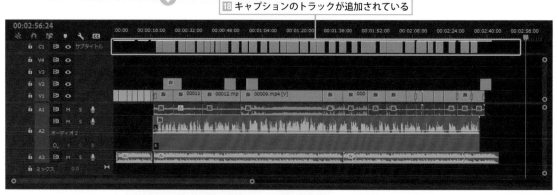

19 作成されたキャプション

SECTION 10.15 Lチャンネル、Rチャンネルを個別のトラックに配置する

Premiere Proのオーディオチャンネルは、1チャンネルのトラックにL（左）、R（右）の2チャンネルが配置される仕様です。これを、それぞれ別のトラックに配置できるように設定変更する方法について解説します。

■ モノラルに設定する

　Premiere Proでは、音声がステレオ録音されたビデオクリップをシーケンスに配置すると、下にある左の画面のようにトラック「A1」にL（左）チャンネル、R（右）チャンネルの2つのチャンネルが配置されるので、左右のチャンネルを個別に編集できません。

　ここでは、下にある右の画面のように「L」と「R」を個別のトラックに配置できるように設定／変更します。

1つのトラックに2つのチャンネル

別々のトラックに配置

「L」と「R」の2つのチャンネルを別々のトラックに配置する簡単な方法が、「モノラル」への設定変更です。

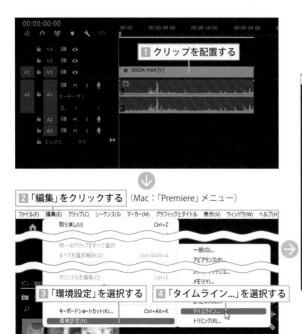

347

7 設定を確認する

8 クリックする

9 同じクリップを再度読み込む

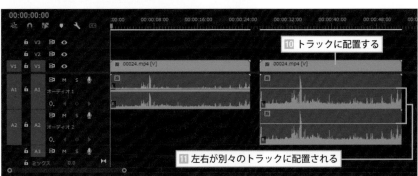

10 トラックに配置する

11 左右が別々のトラックに配置される

POINT

配置を確認する場合は、再度クリップを読み込んでください。設定変更前に読み込んだクリップでは、個別のトラックには配置されません。

■ オーディオチャンネルを変更してプリセット保存する

「モノラル」ではLチャンネルとRチャンネルは個別に配置され、それぞれ編集できます。通常、ステレオの場合は、左右の音量が少々違いますが、モノラルで再生されるために音のパンが中央（センター）に設定されてしまいます。そのため、このままでは左右がミックスされた状態で出力されてしまいます。

この状態を回避するため、オーディオチャンネルを変更します。

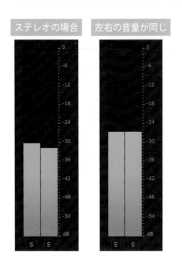

ステレオの場合 　　左右の音量か同じ

1 後から取り込んだクリップを右クリックする

2 「変更...」を選択する

3 「オーディオチャンネル...」を選択する

4 「クリップを変更」ダイアログボックスが表示される

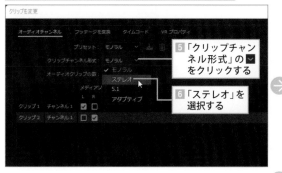

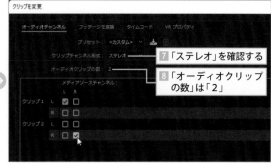

▶ プリセットとして保存する

このままでは、新しくプロジェクトを作成するごとに、これまでの操作を繰り返す必要があります。
そこで、この設定をプリセットとして登録します。

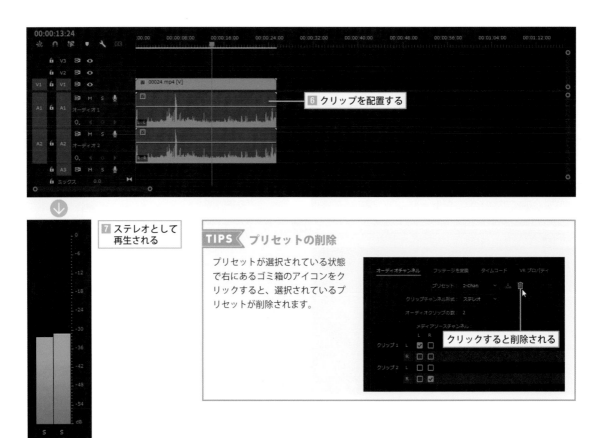

6 クリップを配置する

7 ステレオとして
再生される

TIPS プリセットの削除

プリセットが選択されている状態
で右にあるゴミ箱のアイコンをク
リックすると、選択されているプ
リセットが削除されます。

クリックすると削除される

▶ プロジェクト設定時に選ぶ

新規にプロジェクトを設定した場合、次回からは「環境設定」ダイアログボックスの「タイムライン」にある
「デフォルトのオーディオトラック」で登録したプリセットを選択して利用できます。

「ステレオメディア」で
プリセットを選択

動画を書き出す

SECTION
11.1
「クイック書き出し」で
動画ファイルを簡単に出力する

出力設定が難しい。できれば、設定を行わないで出力したい。時間がないので、とにかく動画ファイルをサクッと出力したい。そのような場合は、「クイック書き出し」がおすすめです。

■ 面倒な設定なしに高画質な動画ファイルを出力する

Premiere Proの「**クイック書き出し**」は、次のようなケースでの出力に適しています。

- ・難しい出力設定を行わずに、動画ファイルを出力したい
- ・サクッとプロジェクトから高画質な動画ファイルを出力したい

「クイック書き出し」では、ファイル形式がMP4形式で出力されます。

- ・動画はMP4形式で出力される

編集を終えたプロジェクト

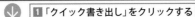

1 「クイック書き出し」をクリックする

クイック書き出し: Camp_11

ファイル名と場所

E:\Camping\Camp_11.mp4

プリセット

Match Source - Adaptive High Bitrate

H.264｜1920 x 1080｜29.97 fps｜19 Mbps｜00:02:45:15｜ステレオ
推定ファイルサイズ：400 MB

書き出し

2 クリックする

3 書き出しが実行される

4 メッセージが画面右下に表示される

出力された
動画ファイル

Camp_11.mp4

5 動画ファイルを再生

Solo Camping

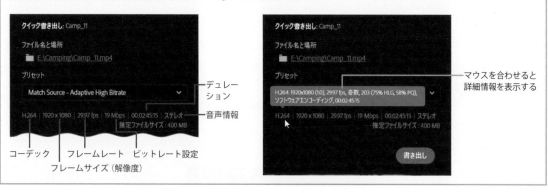

TIPS ◀ **High Bitrateで十分高画質**

クイック書き出しでは、デフォルトで「Match Source - Adaptive High Bitrate」というプリセットが選択されています。
設定内容は以下の通りですが、表示されている項目名にマウスを合わせると、詳細な内容が表示されます。
YouTubeなどSNSを中心とした利用目的であれば、「High Bitrate」の設定で十分です。

デュレー
ション

音声情報

コーデック

フレームサイズ（解像度）

フレームレート　ビットレート設定

マウスを合わせると
詳細情報を表示する

TIPS ◀ **「ビットレート」って何？**

「ビットレート」とは、1秒あたりの動画のデータ量を示す値でbps（bits per second）で表記します。通常、このビットレートが高い動画ほどデータ量が多く、高画質になります。ただし、それだけファイルサイズも大きくなります。

■「クイック書き出し」パネル

「クイック書き出し」パネルは、右図のように構成されています。

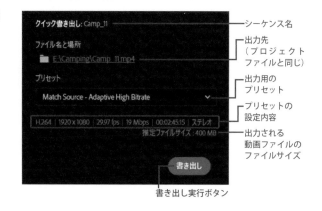

シーケンス名

出力先
（プロジェクト
ファイルと同じ）

出力用の
プリセット

プリセットの
設定内容

出力される
動画ファイルの
ファイルサイズ

書き出し実行ボタン

▶ 出力先、ファイル名の変更

　動画ファイルの出力先は、プロジェクトファイルと同じ場所に設定されています。出力先を変更したい場合は、青色の表示をクリックしてください。出力先を変更できます。

　同時に、ファイル名も変更できます。

▶ プリセットの選択

　「クイック書き出し」は基本的に何も設定しなくても高画質で出力するように設定されていますが、画質は変更することができます。「プリセット」から画質を選択すると、設定内容がパネルに表示されます。

　なお、オリジナルなプリセットメニューの登録方法は、365ページの「SECTION 11-4 プリセットにオリジナルプリセットを登録する」を参照してください。

TIPS 「その他のプリセット…」を利用する

デフォルトで登録されているプリセット以外のプリセットを利用したい場合は、「その他のプリセット…」を利用します。

CHAPTER 11

TIPS フルハイビジョンを4Kで出力しても画質は良くならない

フルハイビジョン（1920×1080）を4K（3840×2160）を選択すると高画質で出力できると思われがちですが、これは間違いです。動画は、画質を下げる「ダウンコンバート」はできますが、画質を上げる「アップコンバート」はできません。そもそも、高画質にするための動画情報を持ち合わせていないからです。

フルハイビジョンを4Kで出力した場合は、簡単にいえば、フルハイビジョンの1個の画素を4倍に拡大しただけに過ぎません。

SECTION 11.2 「書き出し設定」画面から動画ファイルを出力する

動画ファイルのコーデックを指定して出力したり、あるいはビットレートを設定して独自の設定で出力したい場合は、「書き出し設定」画面を利用して書き出します。

■ H.264コーデック、MP4形式で出力する

ここでは「書き出し設定」画面を利用して、最も一般的なファイル形式である「MP4形式」の動画ファイルを出力する手順を解説します。コーデックなどを変更したい場合は、適宜該当する箇所を置き換えてください。

なお、ファイル形式やコーデックについては、371ページを参照してください。

ここでの設定

出力した動画ファイル

▶「書き出し」画面に切り替える

「編集」画面から、「書き出し」画面に切り替えます。

1「シーケンス」パネルを選択する

2 「書き出し」をクリックする

3 「書き出し」画面が表示される

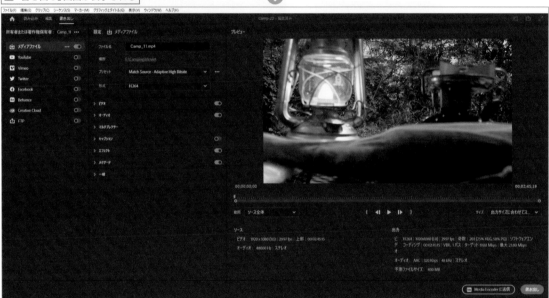

▶「設定」でコーデックを選択する

　ここでは、コーデックに「H.264」を利用した出力を
設定します。H.264を利用すると、動画ファイルは
「MP4」形式で出力されます。

　方法としては、まずプリセットを選択して、その設
定の中で必要に応じて修正を行うという手順が、ス
ピーディにミス無く出力できます。

1 動画ファイルの出力先は「メディアファイル」
　を選択する（複数設定可）

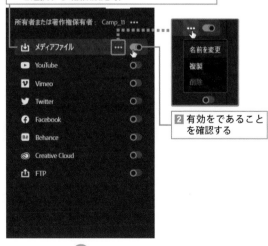

2 有効をであること
　を確認する

POINT

出力先は、利用目的に応じて選択してください。選択した出力先
に応じて、各種設定が自動的に反映されます。

357

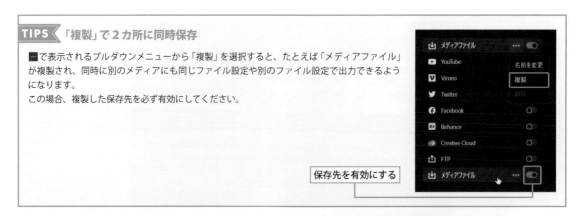

TIPS 「複製」で2カ所に同時保存

■で表示されるプルダウンメニューから「複製」を選択すると、たとえば「メディアファイル」が複製され、同時に別のメディアにも同じファイル設定や別のファイル設定で出力できるようになります。
この場合、複製した保存先を必ず有効にしてください。

保存先を有効にする

TIPS 「コーデック」について

動画ファイルは出力する際に「圧縮」を行う必要があります。圧縮しないと、巨大なファイルサイズの動画が出力されてしまうからです。
このとき、圧縮を行うための機能が「コーデック」です。コーデックの機能には、動画を圧縮するための「エンコード」と、圧縮した動画を元に戻す「デコード」(伸張)という2つの処理があります。

▶ プリセットのフレームレートを変更する

プリセットを選択していると、**フレームサイズ**や**フレームレート**が固定されています。もし、フレームレートをオリジナルな設定に変更したい場合は、次のように操作します。

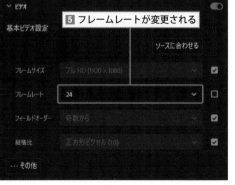

▶「ビデオ」でビットレートを調整する

ビットレート設定を変更する場合は、表示されずに隠れている設定メニューを表示して設定します。

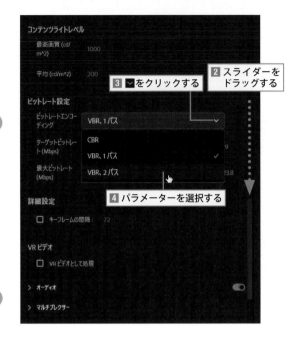

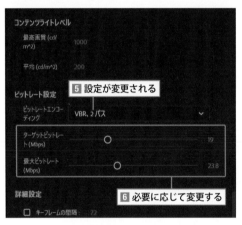

TIPS　「CBR」と「VBR」について

「ビットレートエンコーディング」はビットレートモードともいわれ、動画を圧縮する際の画質の設定ポイントになります。
ビットレートモードには、「CBR」と「VBR」の2種類があり、次のように使い分けます。

- CBR：固定ビットレート。一定のビットレートが適用される。主に動きの少ない動画に適用する。
- VBR：可変ビットレート。動きに応じてビットレートが変化する。動きの激しい動画などではビットレートが高くなり、動きの少ない動画ではビットレートが低くなる。CBRよりも画質が良くなる傾向がある。

プリセットでは、良い画質が得られるVBRが適用されています。このVBRには、1パスと2パスの2タイプがあります。

- 1パス：動画の動きを予測してビットレートを設定する。
- 2パス：動画を2度スキャンして割り当てるビットレートを算出する。1パスより画質はよくなるが、スキャンの時間が2倍かかる。

■ その他のオプションパネル

その他のオプションパネルは、必要に応じて設定してください。

▶ オーディオ

オーディオデータを圧縮するためのコーデックやサンプルレート、サンプルサイズなど詳細に設定できます。

▶ マルチプレクサー

「**マルチプレクサー**」とは、オーディオデータとビデオデータを1つのファイルに合成するためのオプションです。

なお、オーディオデータとビデオデータが合成されたデータのことを「プログラムストリーム」、それぞれが分離しているファイル形式を「エレメンタリストリーム」といいます。使用可能なオプションは、選択するMPEG形式によって異なります。

▶ キャプション

Premiere Proは、クローズドキャプションの書き出しに対応しています。

ビデオクリップに設定したクローズドキャプションは、このパネルで設定できます。

▶ エフェクト

出力する動画に対して、Lumetri Lookのエフェクトを設定したり、画像をオーバーレイするなどの簡易編集ができます。このほか、名前のオーバーレイやタイムコードのオーバーレイなども設定できます。

CHAPTER 11

▶ メタデータ

メタデータとは、ファイル自身についての付加的な
データです。

ファイル形式やオーディオ情報、撮影日や撮影場所
など数多くの情報をメタデータとしてファイルに付加
できますが、その管理方法を設定できます。

▶ 一般

動画データの出力時に同時に行うオプションを選択
できます。

■ 動画ファイルを出力する

出力設定が終了したら、**動画ファイルを出力**します。

1 出力範囲を確認する

ソース（素材）の情報

出力（出力する動画
ファイル）の情報

2「書き出し」をクリックする

3 レンダリングが実行される

4 エンコードが実行される

出力された 動画ファイル

Camping.mp4

TIPS 動画は高画質で出力する

セミナーなどでPremiere Proでの動画の出力について解説するとき、筆者は次のことを強調しています。

動画は高画質で出力する

ここでいう高画質な動画というのは、素材と同じファイル形式か、あるいは同等の形式で出力するということです。動画データは、高画質を低画質に変換する「ダウンコンバート」は可能ですが、低画質を高画質に変換する「アップコンバート」はできません。したがって、どのような目的で利用するにしても、できるだけ高画質で出力するように心掛けてください。

たとえば、画面はフルハイビジョン（拡張子は .MTS）の素材をH.264で出力する際の「ソース」（素材）と「出力」（出力される動画ファイル）の表示です。ほとんど同じであることがわかりますね。

ソース

ビデオ： 1920 x 1080 (1.0) | 29.97 fps | 上部 | 00:00:48:15

オーディオ： 48000 Hz | ステレオ

出力

ビデオ： H.264 | 1920x1080 (1.0) | 29.97 fps | 奇数 | 203 (75% HLG, 58% PQ) | ソフトウェアエンコーディング | 00:00:48:15 | VBR、1 パス | ターゲット 19.00 Mbps | 最大 23.80 Mbps

オーディオ： AAC | 320 Kbps | 48 kHz | ステレオ

予測ファイルサイズ： 117 MB

※ 48kHz=48,000Hz (1k=1,000)

TIPS 「レンダリング」と「エンコード」

動画ファイルの出力を実行すると、「レンダリング」と「エンコード」という処理が実行されます。

「レンダリング」は、Premiere Proの中で編集に利用された映像データ、音声データ、画像データ、テキストデータなどバラバラで管理されているものを1つにまとめる作業のことです。

そして、1つにまとめたデータを圧縮して動画ファイルを生成する作業が「エンコード」です。

CHAPTER 11

SECTION 11.3 出力範囲を限定する

「書き出し」画面では、動画ファイルとして出力する範囲を指定することができます。必要な範囲だけを必要なデュレーションで出力できます。

■ 出力範囲を限定する

「書き出し」画面のプレビューでは、動画ファイルを出力する際に、出力対象のシーケンス全体を出力するのではなく、その中から**必要な範囲だけを指定して**、動画ファイルとして出力できます。

2 フレームを確認する

1 「プレビュー」で再生ヘッドを必要範囲の始点に合わせる

4 イン点が設定される

3 「インをマーク」をクリックする

5 表示が「カスタム」に変わる

6 再生ヘッドを必要範囲の終点に合わせる

7 「アウトをマーク」をクリックする

9 必要な範囲が設定される

8 アウト点が設定される

TIPS 出力サイズに合わせてスケール

プレビューのパネル右下に「サイズ」があります。ここでプルダウンメニューを表示すると、出力時にアスペクト比を変更する場合、レターボックス（上下の黒い帯）やピラーボックス（左右の黒い帯）が発生しないようにフレームサイズを調整する方法を選択できます。

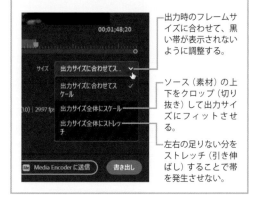

出力時のフレームサイズに合わせて、黒い帯が表示されないように調整する。

ソース（素材）の上下をクロップ（切り抜き）して出力サイズにフィットさせる。

左右の足りない分をストレッチ（引き伸ばし）することで帯を発生させない。

SECTION 11.4 プリセットにオリジナルプリセットを登録する

「クイック書き出し」のプリセットメニューによく利用するオリジナルなプリセットを登録しておくと、いつでもサクッと動画が出力できます。

■ デフォルトプリセットとして登録する

「クイック書き出し」はサクッと動画ファイルを出力できて便利ですが、自分専用の書き出し設定を使うときは、いちいち「その他のプリセット」から選択しなければならないのが面倒です。

自分がよく利用する出力設定は、デフォルトのメニューに登録しておきましょう。

▶ プリセットを登録する

「書き出し」画面で出力用のオプションの設定を変更します。変更ができたら、その内容を**プリセットとして登録**します。

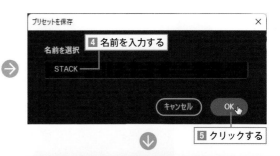

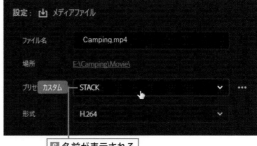

▶ 登録したプリセットを利用する

登録したオリジナルプリセットを「クイック書き出し」で利用してみましょう。

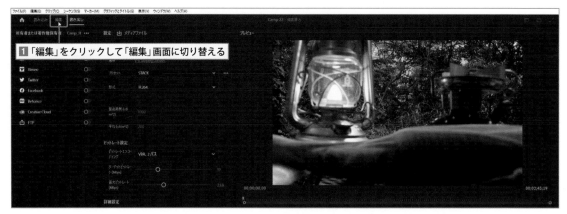

1 「編集」をクリックして「編集」画面に切り替える

2 「クイック書き出し」をクリックする

3 ∨ をクリックする

4 登録したプリセットを選択する

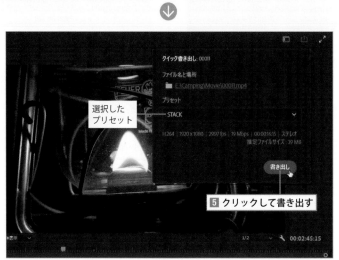

選択した
プリセット

5 クリックして書き出す

▶ プリセットを削除する

登録したオリジナルのプリセットを一覧から削除します。作業は「書き出し」画面で行います。

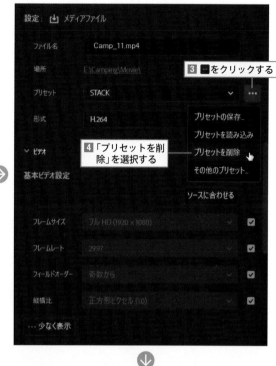

SECTION 11.5 Media Encoderから出力する

「書き出し」ボタンを利用すると、Premiere Proが動画ファイルを出力します。しかし、出力作業中は何も作業ができなくなります。出力中も編集作業行いたい場合は、Media Encoderを利用してください。

■ Media Encoderを起動する

　Media Encoderを利用するには、Premiere Proから動画ファイルを出力する際に「書き出し」を利用するのではなく、「**Media Encoderに送信**」を利用します。

1 出力設定を行う

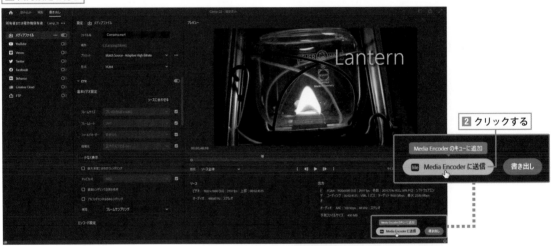

2 クリックする

3 Media Encoderが起動する

4 「キュー」一覧画面に登録される

■ Media Encoderから出力する

Premiere Proから出力情報が送信されると、「キュー」の一覧画面に登録されます。登録されたら、「**キューを開始**」をクリックして、出力作業を開始します。

2 エンコード処理が開始される

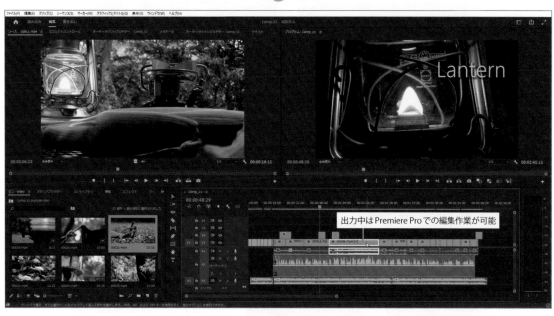

出力中はPremiere Proでの編集作業が可能

3 出力が完了する

CHAPTER 11

TIPS 複数のシーケンス出力を登録できる

Media Encoderには、複数のシーケンスからの出力を登録できます。登録された出力設定は、「キューを開始」をクリックすると、登録されている順番に出力が実行されます。

—出力完了

—出力中

—出力待機中

TIPS 「プロジェクト」パネルの素材を1つだけ動画ファイルとして出力する

「プロジェクト」パネルに取り込んであるビデオクリップから、1つだけを動画ファイルとして出力できます。ファイル形式変換した動画データが必要なときなどに利用すると便利です。

1 出力したい素材を選択する　　2「書き出し」をクリックする

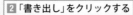

3 登録された素材名を確認する

5 プリセットを選択する

4「メディアファイル」をクリックする

6 出力される設定内容を確認する

7 Media Encoderに送信するか、「書き出し」をクリックする

SECTION 11.6 動画ファイルのモヤモヤを スッキリさせよう

動画ファイルの出力設定は、専門用語が多くて難しいですよね。そこで、ここでは動画ファイルについていろいろ不明な点をまとめて解説し、スッキリとさせてみましょう。

■ ファイル形式とコーデック

最初に、「**ファイル形式**」と「**コーデック**」について理解しておきましょう。

非常に簡潔に解説すると、動画ファイルは「コンテナ」と呼ばれるスーツケースの中に、圧縮された映像データと音声データを入れて持ち運びできるものとイメージしてください。

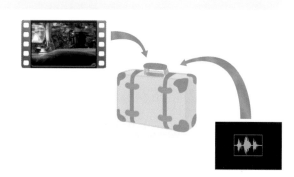

▶ ファイル形式

ファイル形式は、「コンテナ」や「ファイルフォーマット」などとも呼ばれています。簡単にいえば、「ファイルの保存形式」のことです。ファイル形式は多数あり、動画ファイルの拡張子を見れば、ファイル形式がわかります。たとえば、拡張子が「.mp4」ならファイル形式はMP4形式、拡張子が「.mov」ならMOV形式です。

本書でも両者の区別がしやすいように、拡張子は小文字、ファイル形式は大文字で表記しています（ハイビジョン形式の動画ファイルは、拡張子も「.MTS」と大文字です）。このコンテナ、つまりファイル形式の中には、「コーデック」を利用して圧縮した映像データ、音声データを入れます。

・**ファイル形式（動画対応）の主な種類**：mp4、avi、mov、mpeg、flv など

▶ コーデック

Premiere Proで編集したデータは、そのままではファイルサイズがとても大きく、持ち運びに不便です。そこで、Premiere Proから動画ファイルを出力するときには、編集したデータを圧縮します。この圧縮に利用する形式のことをコーデックといいます。

また、コーデックには映像データの圧縮用コーデックと、音声データの圧縮用コーデックがあります。

・**動画データの圧縮用コーデック**：MPEG4、H.264、HEVC（H.265）など
・**音声データの圧縮用コーデック**：MP3、AAC、LPCM、WMA など

なお、「書き出し」画面の「設定」にある「形式」のプルダウンメニューを表示するとコーデック名が表示されますが、コーデック名は大文字で表記されています。非常にまぎらわしいのですが、「形式」メニューはファイル形式ではなく、コーデックを選ぶメニューです。しかし、中には「AVI」のようにファイル形式もあります。しかも、映像と音声のコーデックが混在しています。選ぶときには、それがファイル形式なのかコーデックなのかに注意してください。

▶ 可逆圧縮と非可逆圧縮

　圧縮したデータを利用する場合は、これを元に戻す作業が必要になります。これを「伸張」といいます。

　なお、圧縮したデータを伸張する際、圧縮前の状態に戻せるケースと、戻せないケースがあります。元に戻せるケースを「**可逆圧縮**」、元に戻せないケースを「**非可逆圧縮**」といいます。

　動画の場合、可逆圧縮は画質の劣化はありませんが、非可逆圧縮の場合は画質が劣化します。多くのコーデックは非可逆圧縮で、SNSで標準的に利用されているコーデックの「H.264」もそのうちの1つです。

▶ 入れられるコーデックが決まっている

　圧縮データを入れるコンテナの役割を持つファイル形式には制約があって、入れることのできるコーデックがそれぞれ異なります。以下、表にまとめてみました。

ファイル形式	動画コーデック	音声コーデック
mp4	MPEG-4、H.263、H.264、H.265など	MP3、AC3、AACなど
avi	MPEG-1、MPEG-2、H.263、H.264など	MP3、AAC、FLACなど
mov	H.263、H.264など	MP3、AAC、FLACなど
mpeg	MPEG-1、MPEG-2のみ	AC3、LPCMなど
flv	H.263、H.264など	MP3、PCM、AACなど

※ファイル形式名は、Premiere Proでの一覧表示に合わせて、小文字で表記しました。

POINT

H.264をインストール済みでMP4対応のデバイスなのに映像が表示されないことがあります。これは、ファイル形式のMP4の中にH.263で圧縮した映像データが保存されている場合、コーデックのH.263がインストールされていないと映像が表示できないからです。この場合、H.263コーデックをインストールするか、データの圧縮方法（コーデックの種類）を変更する必要があります。

▶ 映像と音声が一緒に配置される

　「プロジェクト」パネルに取り込んだビデオ素材のクリップをシーケンスに配置すると、映像部分と音声部分の双方が一緒に表示されます。これは、コンテナとしてのファイル形式であるMP4をシーケンスにドラッグ＆ドロップすると、保存されていた映像と音声が配置されるからです。

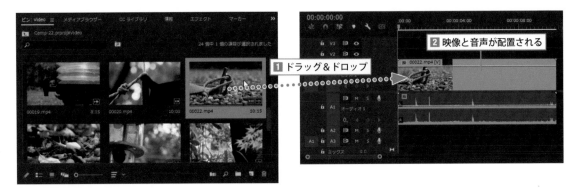

■ 次世代コーデックはH.265か？

Premiere Proのコーデック一覧には、**HEVC（H.265）**というコーデックがあります。HEVCは「High Efficiency Video Codec」の略で、「高効率なビデオコーデック」という訳になります。これは、H.264に続く**次世代のコーデック**として期待されており、H.264よりも高画質で、しかもファイルサイズが小さくなるという特徴があります。まさしく、SNS時代に最適なコーデックです。

ただし、利用する場合には注意が必要です。原稿執筆時点では、新型Macには標準コーデックとして搭載されているので再生できますが、Windowsには搭載されていません。再生する場合は、コーデックのH.265を購入しなければなりません。

なお、H.265で出力しても、YouTubeなどで公開すると、どのデバイスでも問題なく再生できます。

H.265はファイルサイズが小さい

Windowsでの表示

コーデックがないので再生できない

Apple ProResでの出力手順

　映像業界でよく利用されているコーデックに、「**ProRes**」があります。ProResを利用した動画ファイルの拡張子は、「.mov」です。このProResが映像業界で利用されるのは、画質の劣化が最小限で、非力なMacでも編集できるからでした。現在のPremiere Proは、Windows版でもProResに対応しているので、さらに利用範囲が広がっています。

　それでは、「Apple ProRes」での出力を実行してみましょう。拡張子は「.mxf」になります。

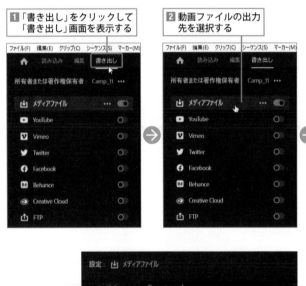

POINT

現在選択されているプリセットによって、たとえば.mp4などの拡張子が表示されますが、ProResに設定すると変更されます。

8 ✓をクリックする

9 利用したいコーデックを選択する

10 必要に応じてオプションを設定する

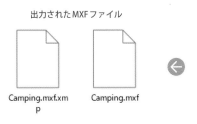

出力されたMXFファイル

Camping.mxf.xm
p

Camping.mxf

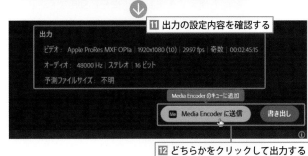

11 出力の設定内容を確認する

12 どちらかをクリックして出力する

POINT

Premiere Proからは、MXFファイルと同時に「.xmp」という拡張子のXMPファイルが出力されます。これは、Adobeの製品が利用するメタデータファイルなので、特に必要なものではありません。

TIPS MXF形式について

MXF（Material Exchange Format）は、いわゆるコンテナフォーマットの一種で、コーデックされた映像データやオーディオデータなどを、メタデータと一緒に保存できるファイル形式です。特徴は、さまざまコーデックに対応していることで、映像、音声ともに利用目的に応じたコーデックで圧縮した映像データ、音声データを保存できることです。そのため、主にプロユースの現場で幅広く使われているファイル形式です。

ただし、再生する側がMXFに保存されている圧縮ファイルで利用されたコーデックを持っていないと、再生ができません。各種コーデックに対応しているものの、コーデックがないために再生できないというエラーも多い形式でもあります。

OP1aはオペレーションパターンのことで、同一ファイル中に映像、音声、メタデータを格納するパターンです。ファイル転送のワークフローに適しています。

SECTION 11.8 オートリフレームシーケンスで正方形動画を出力

SNSで公開される動画は基本的に横長の長方形ですが、Instagram（インスタグラム）では正方形の動画データを要求されます。オートリフレームシーケンスを利用すると、正方形での出力ができます。

Instagram用に正方形で出力する

　動画のフレームは、アスペクト比「16：9」の横位置というのが基本です。でも、最近ではスマートフォンで撮影した縦位置動画も増えてきました。また、SNSでも、Instagramでは正方形の動画が利用されています。

　ここでは、Instagram用に正方形（アスペクト比「1：1」）の動画を出力する手順について解説します。

　通常なら、シーケンスの設定変更や出力時のフレームサイズ変更など面倒が処理が多いのですが、「**オートリフレームシーケンス**」を利用すると、現在編集中の「16：9」の動画から簡単に正方形の動画を出力できます。

アスペクト比16：9のフレーム　→　アスペクト比1：1のフレーム

▶ オートリフレームシーケンスを作成する

　オートリフレームシーケンスは、簡単にいえば、「自動でフレームサイズを変更したシーケンスを作る」とういことです。シーケンスを作成してみましょう。

POINT

シーケンスを選択しないと、メニューがアクティブにならず選択できません。

2「シーケンス」をクリックする

1 シーケンスを選択する

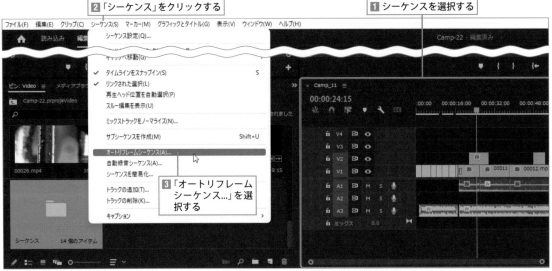

3「オートリフレームシーケンス...」を選択する

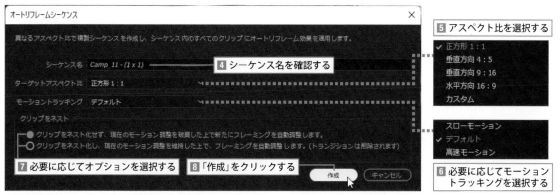

5 アスペクト比を選択する

- ✓ 正方形 1：1
- 垂直方向 4：5
- 垂直方向 9：16
- 水平方向 16：9
- カスタム

4 シーケンス名を確認する

- スローモーション
- ✓ デフォルト
- 高速モーション

6 必要に応じてモーショントラッキングを選択する

7 必要に応じてオプションを選択する

8 「作成」をクリックする

CHAPTER 11

9 「オートリフレームシーケンス」というフォルダーが一番上の階層に作成されるのでダブルクリックして開く

10 作成されたシーケンスをダブルクリックする

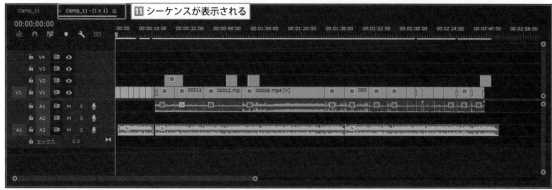

11 シーケンスが表示される

12 正方形のフレームサイズにリサイズされている

▶ リフレームの結果

　オートリフレームシーケンスを実行した結果、「16：9」のフレームは、きちんと「1：1」にリフレームされています。しかも、タイトルなどのテキストもサイズなどが調整されて、きちんとフレーム内の所定の位置に収まるように修正されます。

リフレーム前

リフレーム後

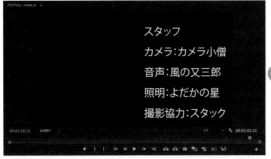

　また、動きのある被写体に関しては、対象の被写体が常にフレームの中心に位置するように、トラッキングしてくれます。

リフレーム前

リフレーム後

TIPS　縦位置シーケンスも作成可能

「ターゲットアスペクト比」で垂直方向「9：16」を選択すると、スマートフォンなどの縦位置で再生できるシーケンスを作成できます。

▶ シーケンスを出力する

シーケンスの確認ができたら、「書き出し」画面から動画ファイルを出力します。このとき、出力サイズを確認しておきましょう。

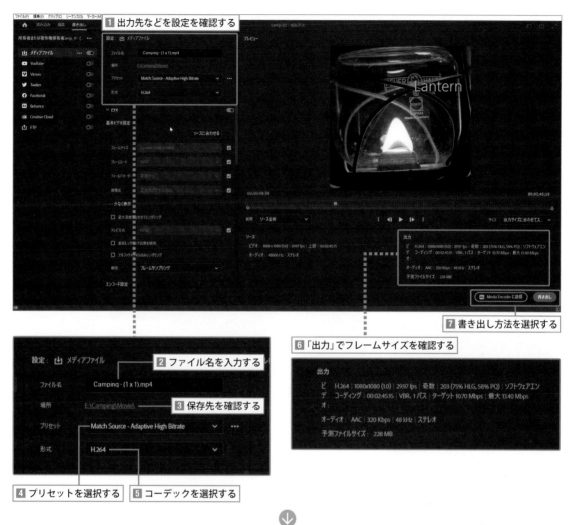

1 出力先などを設定を確認する

2 ファイル名を入力する

3 保存先を確認する

4 プリセットを選択する　　5 コーデックを選択する

6 「出力」でフレームサイズを確認する

出力

ビ　H.264 | 1080x1080 (1.0) | 29.97 fps | 奇数 | 203 (75% HLG, 58% PQ) | ソフトウェアエン
デ　コーディング | 00:02:45:15 | VBR, 1パス | ターゲット 10.70 Mbps | 最大 13.40 Mbps
オ：

オーディオ： AAC | 320 Kbps | 48 kHz | ステレオ

予測ファイルサイズ： 228 MB

7 書き出し方法を選択する

8 出力された
動画データ

CHAPTER 11

SECTION 11.9 YouTubeへダイレクトに アップロードする

編集を終えたプロジェクトは、Premiere Proからダイレクトに YouTube や Twitter など SNS の各サイトにアップロードして公開できます。

■ YouTubeにアップロードして公開する

「書き出し」画面では、動画ファイルの出力先として「メディアファイル」のほかに、**YouTube** や **Vimeo**、**Facebook**などの SNS の主なサイトを指定できます。

この場合、YouTube などへダイレクトに Premiere Pro から動画ファイルをアップロードし、公開できます。

▶ 保存先の追加

動画データをパソコンのハードディスクに出力するのと同時に、YouTube にもアップロードしたい場合は、保存先として YouTube を選択・設定します。

1 「書き出し」をクリックする

3 YouTubeを保存先としてオンにする

2 動画ファイルをパソコンに残したい場合はオン

4 ファイル名を変更する

5 動画ファイルの保存先を指定する

6 プリセットを選択する

7 コーデックを選択する

8 「パブリッシュ」が表示される

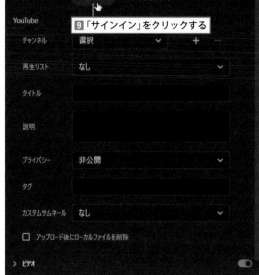

9 「サインイン」をクリックする

POINT

動画ファイルをパソコンに残さないように「メディアファイル」をオフにした場合でも、アップロード前に一時的に動画ファイルを出力／保存するため、「場所」は設定します。

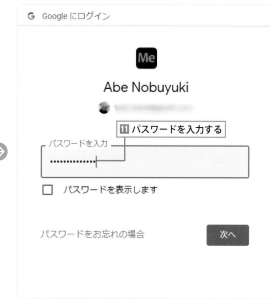

POINT

「日本サイトへ移動」メッセージが表示されたら、これをクリックするとAdobeの日本サイトへジャンプします。そのまま閉じてもかまいません。

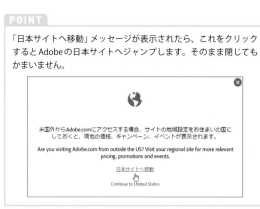

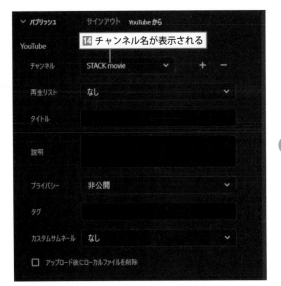

14 チャンネル名が表示される

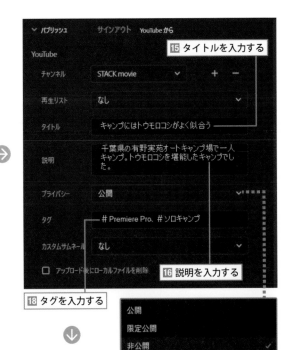

15 タイトルを入力する

17 公開対象を選択する

16 説明を入力する

18 タグを入力する

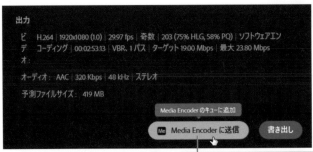

19 「Media Encoderに送信」をクリックする

20 「キューを開始」
をクリックする

CHAPTER 11

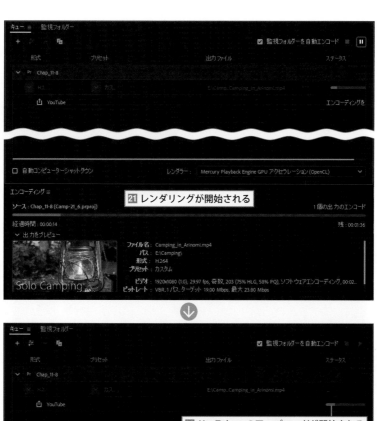

㉑ レンダリングが開始される

㉒ YouTubeへのアップロードが開始される

㉓ アップロードが終了する

㉔ YouTubeで確認する

YouTubeのURL：https://youtu.be/tKVG6SPM2Cg

383

▶ カスタムサムネールの登録

オリジナルのサムネールの登録は、YouTubeに
アップロードした後にYouTubeの「動画の詳細」で登
録できますが、Premiere Proからサムネールも同時に
アップロードできます。

たとえば、編集中のプロジェクトからフレームを選
択する場合、次のように操作します。

なお、Premiere Proでもオリジナルなサムネールを
作成できます（294ページ参照）。

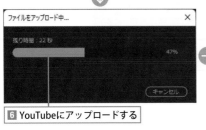

Frame.ioでプロジェクトをチェックしてもらう

フレーム・アイオー
「Frame.io」は、ネットを介してプロジェクトの確認とコメント入力、そして修正と了承が行える機能です。
ここでは、その概要を解説します。

CHAPTER 11

■ Frame.ioを利用する

　「Frame.io」を利用すると、Premiere Proで編集したプロジェクトの内容確認が必要なレビュアー（チェック側）とネットを介してプロジェクトの共有ができるようになります。共有方法は、コメントを添えたり、プレビュー画面に直接コメントを書き込むことができます。

　なお、Frame.ioはPremiere Proだけでなく、「Adobe After Effects」とも共有できます。

　チェックの流れとしては、図のようになります。

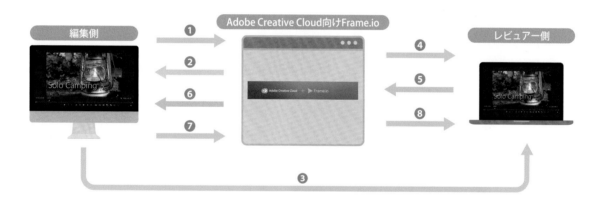

❶プロジェクトを作成して動画をアップロードする

❷参照用URLが表示される

❸チェック側にURLを送る

❹Webブラウザで URLにアクセスし、
　動画を表示する

❺チェックしたコメントや手書き指示などを
　送信する

❻チェックされたコメントなどを確認し、
　シーケンスを修正する

❼修正したコメントや修正版動画を
　再度アップロードする

❽URLをリロードして修正バージョンを確認する

POINT

Premiere Proに搭載されているCreative Cloud向けFrame.ioは、100GBのFrame.io専用クラウドストレージ、最大5件のプロジェクト利用、レビュアーとの無料共有機能（人数制限なし）で利用できます。またレビュアーについては、Creative Cloudアカウントは必要ありません。

▶ プロジェクトの作成と動画のアップロード

編集を終えたシーケンスは、Frame.io側にプロジェクトを作成し、Premiere Proから動画データをアップロードします。

▶ プロジェクトの作成 ❶

Frame.ioに動画を共有するためのプロジェクトを作成します。

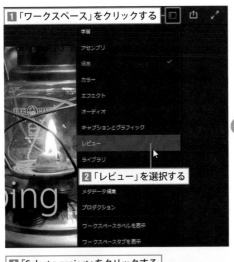

▶ 動画のアップロード ❷

Premiere Proで編集したシーケンスから動画データを作成し、Frame.ioにアップロードします。

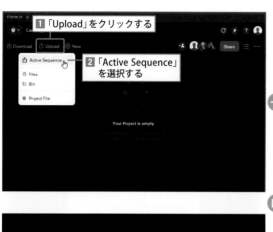

■ プロジェクトのレビュー

Frame.ioへの動画データのアップロードが終了すると、Frame.ioから動画のシェア用URLが発行されます。これをコピーして、メールやSNSを利用してURLを伝えます。URLを受け取ったレビュアー（チェック側）は、そのURLをWebブラウザで表示します。

▶ 編集側の操作 ❷❸

Frame.ioから発行されるレビュー用のURLをコピーし、レビュアーにメールやSNSを利用して伝えます。

▶ チェック側の操作 ❹❺

編集側から送られてきたURLをWebブラウザで表示します。このとき、チェックするレビュアーは、Creative Cloudのアカウントを持っている必要はありません。

❻ コピーしたリンクをLINEやメールでチェック側に送る

> **POINT**
> 再生等には、J、K、Lキーなどのショートカットキーが利用できます。

3 チェック箇所で一時停止する　　6 オプションボタンをクリックする

5 【●】が表示される

4 コメントを入力する

POINT

Macでレビューする場合、Webブラウザにsafariを利用すると、日本語がうまく入力できませんでした。画面ではChromeを利用しています。

8 ツールを利用して画面に指示を手書きする

7 矢印や筆などのツールが利用できる

9 さらにコメントを追加する

【●】の】をドラッグして、範囲指定も可能　　10「Send」をクリックする

11 レビュアー（チェックした人）の
メールアドレスを入力する

Want to leave a comment?

Add your info here so 阿部 信行 knows who left the
comment.

Use Frame.io? Log In　　　　Cancel　Continue

12「Continue」をクリックする

13 チェック者の名前を入力する

Want to leave a comment?

Add your info here so 阿部 信行 knows who left the
comment.

Ramune

I agree to the Terms and Conditions and our Privacy Policy.

Use Frame.io? Log In　　　　Cancel　Continue

14 チェックをオンにする　　15「Continue」をクリックする

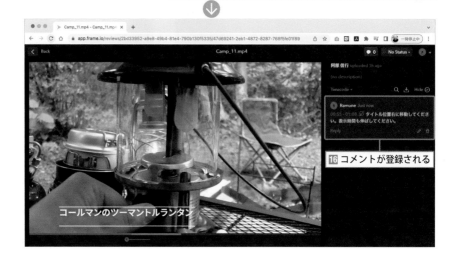

16 コメントが登録される

389

> **TIPS** スマートフォンでレビューする
>
> Frame.ioのレビューは、スマートフォンでも可能です。URLをブラウザで表示すると、レビュー＆コメントができます。
> なお、原稿執筆時点ではiPhoneでは日本語がうまく入力できませんでした。

■ プロジェクトの修正と確認

　レビュアーのコメントは、即座に編集側に反映されます。それに応じて編集側はシーケンスを修正し、修正した動画を再アップロードします。再アップしたデータは、レビュアーで再確認します。

▶ 編集側で修正 ❻

　レビュアーから届いたコメントや修正指示を確認して、シーケンスを修正します。

１ 数字でコメントが届いたことを確認できる

２ サムネイルをクリックする

３ 修正ポイントが表示されているので●をクリックする

CHAPTER 11

▶ 再度動画をチェック側に送る ❼

画面右上の◀（Back to Project）をクリックし、再度「Upload」をクリックすると、修正した動画をチェック側に送ることができます。

▶ チェック側で修正動画を確認する ❸

レビュアーは、WebブラウザのURLをリロードして、修正された動画を確認します。

以上の操作を繰り返すことで、細かく修正を行うことができます。

TIPS 索引

CHAPTER 10
オーディオデータを編集する

CHAPTER 11
動画を出力する

サンプルファイルについて

本書の解説で使用しているサンプルファイルは、弊社のサポートページからダウンロードすることができます。

▶ サポートページ
http://www.sotechsha.co.jp/sp/1292/

▶ 解凍のパスワード（【半角英数】モードで大文字／小文字も正しく入力してください）
PMP2022cc

◆著者紹介

阿部信行（あべのぶゆき）

千葉県生まれ。日本大学文理学部独文学科卒業

肩書きは、自給自足ライター。主に書籍を中心に執筆活動を展開。
自著に必要な素材はできる限り自分で制作することから、自給自足ライターと自称。
原稿の執筆はもちろん、図版、イラストの作成、写真の撮影やレタッチ、
そして動画の撮影・ビデオ編集、アニメーション制作、さらに DTP も行う。
制作した作品は、出版だけでなく Web サイト等でも公開。Web サイトが必要なら Web サイトも自作する。
自給自足で養ったスキルは、書籍だけではなく、動画講座などさまざまなリアル講座、オンライン講座でお伝えしている。

株式会社スタック代表取締役
All About「動画撮影・動画編集」「デジタルビデオカメラ」ガイド
介護職員初任者研修（旧ホームヘルパー 2 級）取得済み

◆最近の著書

『Movie Studio Platinum かんたんビデオ編集入門』（ラトルズ）
『Thinkfree Office NEO 7 実践入門』（ラトルズ）
『EDIUS X Pro パーフェクトガイド』（技術評論社）
『DaVinci Resolve 17 デジタル映像編集パーフェクトマニュアル』（ソーテック社）
『Premiere Pro & After Effects いますぐ作れる！ ムービー制作の教科書 改定 3 版』（技術評論社）
『VEGAS Movie Studio Platinum ビデオ編集入門』（ラトルズ）
『Premiere Pro 動画編集の教科書』（技術評論社）
『Illustrator & Photoshop & InDesign これ一冊で基本が身につくデザイン教科書』（技術評論社）
『らくらく B's Recorder GOLD 操作ガイド』（ラトルズ）

Premiere Pro
デジタル映像編集
パーフェクトマニュアル CC 対応

2022 年 6 月 30 日　初版　第 1 刷発行

著者　　　阿部信行
装幀　　　広田正康
発行人　　柳澤淳一
編集人　　久保田賢二
発行所　　株式会社ソーテック社
　　　　　〒 102-0072　東京都千代田区飯田橋 4-9-5　スギタビル 4F
　　　　　電話（注文専用）03-3262-5320　FAX03-3262-5326
印刷所　　大日本印刷株式会社

©2022 Nobuyuki Abe
Printed in Japan
ISBN978-4-8007-1292-9

本書のご感想・ご意見・ご指摘は
http://www.sotechsha.co.jp/dokusha/
にて受け付けております。Web サイトではご質問は一切受け付けておりません。